水力发电厂检修技术丛书

水力发电厂发电机检修技术

机械部分

江 旭 主编

中国三峡出版传媒
中国三峡出版社

图书在版编目（CIP）数据

水力发电厂发电机检修技术. 机械部分 / 江旭主编.
—北京：中国三峡出版社，2021.12
（水力发电厂检修技术丛书 / 余爱彤等主编）
ISBN 978-7-5206-0216-7

Ⅰ. ①水… Ⅱ. ①江… Ⅲ. ①水轮发电机-检修
Ⅳ. ①TM312

中国版本图书馆 CIP 数据核字（2021）第 249429 号

责任编辑：彭新岸

中国三峡出版社出版发行
（北京市通州区新华北街156号 101100）
电话：（010）57082645 57082577
http://media.ctg.com.cn

北京世纪恒宇印刷有限公司印刷 新华书店经销
2022 年 11 月第 1 版 2022 年 11 月第 1 次印刷
开本：787 毫米 ×1092 毫米 印张：4.25
字数：90千字
ISBN 978-7-5206-0216-7 定价：32.00元

前言

Preface

清江流域水电站主要机械设备包括水轮机部分、发电机部分、调速器部分及辅助设备部分，在检修、试验、工艺标准等方面都有许多独特之处。为了帮助广大读者有效掌握这些设备的使用方法和相关技术，提高员工特别是新员工的技能和检修管理水平，清江检修公司特组织机械检修部编写了《水力发电厂检修技术丛书》。本套丛书包括《水力发电厂电气设备检修技术》《水力发电厂水轮机检修技术》《水力发电厂发电机检修技术（机械部分）》《水力发电厂调速器检修技术（机械部分）》《水力发电厂辅助设备检修技术（机械部分）》。

本书为《水力发电厂发电机检修技术（机械部分）》，共分6章：第1章为一般检修注意事项及工艺；第2章为检修项目及技术要求；第3章为发电机部分检修基础理论；第4章为发电机部分检修标准工艺；第5章为发电机机械试验项目；第6章为发电机机械部分技改案例。

本书除了介绍基本知识、一般概念和基本原理外，还主要针对流域水力发电厂发电机机械部分的设备和技术做了较为详尽的论述，理论与实际紧密结合，达到既有针对性又能系统学习的目的，利于专业技术人员跨专业提升技术和技能水平，特别适合作为新员工培训用书和相关专业工作人员参考用书。

参加本书编写的有：江旭（第1章），傅超（第2章），朱劭辰（第3章），刘汶（第4章），黄霄（第5章），熊佳进（第6章）。全书由清江检修公司发电机班专责江旭主编，清江检修公司发电机班班长黄霄校准，清江检修公司机械检修部副主任宗治田审核，胡钦波总工审定。

本书在编写过程中得到了中国长江三峡集团有限公司湖北清江水电开发有限责任公司检修公司领导及相关部室的大力支持，尤其是机械检修部及其所属专业班组提供了大量的资料，对此表示衷心感谢。书中错误和不足之处在所难免，欢迎大家在学习过程中提出宝贵意见和建议，以便再版时修订。

目录

Contents

第1章
一般检修注意事项及工艺

1.1 一般检修注意事项

（1）部件拆卸后留下的孔口、孔洞应及时用临时盖板盖好，并设置明显的安全警告标识。根据现场安全文明生产管理及检修项目的要求，布置主要部件放置区及检修区，做好工作现场安全措施以及现场铺垫。

（2）较大部件存放时应用木方或其他适宜物体垫好，以免损坏地面及部件加工面。对精度要求较高的零部件表面应用橡胶板、毛毡或其他适宜物体垫好。

（3）检修现场应清洁干净、无杂物，检修设备、工具应摆放整齐。每天工作完成时，应打扫现场卫生，清点工具及消耗材料。

（4）使用易燃易爆物品如汽油、煤油、各种油漆及酒精等应注意明火。清洗时，要用油桶装好，不要洒在地上，地上偶尔有油污时，应及时用布或棉纱擦拭干净。

（5）进入发电机内部及风洞工作时，无关的物品不应带入，随身携带的工具、材料需进行专人登记。检修现场应有充足的照明和消防措施。

（6）检修前，应熟悉各自的检修项目和内容，以免漏项；检修后应“工完场清”，且必须经电厂验收合格；只有当机组并网正常试运行 24h 后才说明整个机组的检修工作全面结束。

（7）发电机内部使用明火前，须办理动火工作票，做好消防措施。作业完毕应仔细检查确认作业现场无杂物、无火星后，人员方可离开。在转动部件点焊作业时，地线须挂接在施焊部位，严禁转子不接地施焊。

（8）现场使用易燃易爆物品时，须注意安全，现场应设置可靠的防护措施和必需的灭火装置。

（9）在推力（或上导）冷却系统进行检修放水和压力试验前，做好水车室内电机、电源盘、操作盘、主接力器等设备的遮盖措施，以防设备淋湿受潮。工作结束后，对遮盖用的塑料布及时拆除，现场清理干净。

（10）各部位充油、充水前，须检查管路系统中的阀门状态是否正确，表计、传感器等附属部件是否恢复。

（11）轴领与镜板的抛光表面应防止受潮或物体撞击，不得用手接触，以免汗渍侵蚀。

1.2 一般检修工艺

（1）检修的各种项目如厚度、深度、高度、行程、压力、间隙、配合等，需要有测量人、记录人以及数据和使用工具的详细记录。

（2）拆装调整用的楔子板、枕木等物件，一般按接触面受力不大于 30MPa 来确定，楔子板搭接长度在 2/3 以上。

（3）管阀拆卸前，先排余压，并注意排除残余介质流，与检修相关管路或基础拆除后露出的孔洞应及时进行有效封堵。

（4）各零部件拆卸前，应做好所拆卸零部件配合处的记号。精密配合的零件，若无定位销，应在组合面处互成 90° 方向打上明显记号。配合尺寸应进行测量并做好记录，标记应具有唯一性。

（5）零部件拆卸分解前，应先拔销钉，后拆螺栓；回装时反之。拆卸零部件时，不得直接锤击其加工面，必要时垫上铜棒敲击，在分开法兰和组合面止口时，使用扁铲、楔子等工具时不应打入过深，防止损坏密封面和组合面。

（6）部件回装时，各组合面合缝间隙用 0.05 mm 塞尺检查不能通过，允许有局部间隙；用 0.10 mm 塞尺检查，深度不应超过组合面宽度的 1/3，总长不应超过周长的 20%，组合螺栓及销钉周围不应有间隙，组合缝处的安装面错牙不宜超过 0.10mm。

（7）零部件的结合面如键与键槽、销与销孔、轴颈与孔的结合面以及止口的结合面应仔细修理，使其光滑无毛刺、无高点，但不得改变其配合性质，组装前应仔细检查、清扫。

（8）主要设备在回装前应进行全面清扫、检查，对重要部件的主要尺寸及配合公差应进行校核，装复时各滑动面应涂油。轴颈、轴瓦、镜板、推力头、联轴法兰及其销孔等部件的表面应做好防锈蚀措施，并用白布、塑料布、毛毡等包盖绑紧。

（9）对各零部件拆卸的螺栓、销钉、垫、垫圈、锁片等清点记录后，应用干净的白布包好并分类放置。零部件组合回装时，易锈部位的螺栓应涂以铅油。连接螺栓应适当拧紧，各转动部分螺母应点焊或采取其他防松动措施。防松动措施实施前，须逐个确认螺栓的紧固情况。有预紧力要求的螺栓，其伸长值应符合设计要求。

（10）各零部件起吊前，应仔细检查各连接件是否拆卸完成，起重工具的承载能力是否足够。起吊过程应慢起慢落。零部件的放置应稳妥可靠，精密部件严禁放置于粗糙的枕木上。

（11）单根键应与键槽研配，其配合公差应符合设计要求；成对键处理时应一起研配，平行度、接触面积应符合设计要求。

（12）所有密封垫应垫平，不得超过两层，不得用楔垫，密封垫内径应比法兰内径大2～3mm。

（13）螺栓连接的装配要点：

①所有螺栓及螺孔：结合面应仔细检查，清扫干净，螺纹如有损坏，应对其进行修复，弹簧垫圈必须装在平垫圈和螺母之间。

②双头螺栓的装配：双头螺栓的紧固端应采用过渡配合，保证配合后中径有一定的过盈量；双头螺栓的轴线必须与机体表面垂直；装入双头螺栓时，必须用油润滑，以免拧入时产生咬住现象，也便于以后拆卸更换。

③螺母和螺钉的装配：贴合面要光洁、平整，回装后应无间隙；贴合面应保持清洁，螺孔内的脏物应清理干净；拧紧成阻尼螺母时，须按照一定的顺序进行，并做到分次逐步拧紧（一般分三次拧紧），否则会使零件或螺杆产生松紧不一致甚至变形；必须按设计的拧紧力矩来拧紧。

④拧紧螺母的方法：拧紧螺母时应对称、多次、均匀拧紧。

⑤拆装螺栓或螺母应尽量使用专用扳手、呆扳手或梅花扳手，需要应用力矩扳手的部位必须使用专用力矩扳手，尽量不使用活动扳手。

（14）冷却器应进行强度耐压试验：按照设计要求进行试验，设计无规定时，试验水压力一般为工作压力的1.5倍，但不低于0.4MPa，保持压力60min，无渗漏现象；冷却器及其连接件严密性耐压试验：试验压力为1.25倍工作压力，保持压力30min，无渗漏现象；冷却系统严密性试验：试验压力为工作压力，保持压力8h，无渗漏现象。

（15）冷却器如有单根冷却器铜管破裂，可采用楔塞堵死铜管方法处理破损铜管，但堵塞铜管的根数不应超过总根数的10%，否则应更换冷却器。

第 2 章
检修项目及技术要求

2.1 发电机机械部分 D 级检修项目及技术要求

发电机机械部分 D 级检修项目及技术要求见表 2–1。

表 2–1　发电机机械部分 D 级检修项目及技术要求

<table>
<tr><th>序号</th><th>设备部位</th><th>检修项目</th><th>技术要求</th></tr>
<tr><td>1</td><td rowspan="2">定子（机械）</td><td>定子定位销及紧固件检查</td><td>定子基座销钉、基础螺栓无松动，螺栓止动措施完好，结构焊缝（连接板连接焊缝）与螺母点焊无开焊</td></tr>
<tr><td>2</td><td>空气冷却器检查</td><td>各管路、法兰及阀门无渗漏</td></tr>
<tr><td>3</td><td rowspan="2">转子及大轴（机械）</td><td>挡风板及螺栓焊点检查处理</td><td>挡风板本体无变形，固定螺栓无松动，螺栓防松动措施到位，锁片无损伤，焊点无开裂</td></tr>
<tr><td>4</td><td>制动环及螺栓检查</td><td>（1）环板径向应水平，其偏差在 0.5mm 以内，沿整个圆周的波浪度不应大于 2mm
（2）接缝处应有 2mm 以上的间隙，按机组旋转方向检查闸板接缝，后一块不应凸出前一块
（3）制动环及挡块无变形，固定螺栓无松动，焊缝无裂纹</td></tr>
<tr><td>5</td><td rowspan="4">机架</td><td>上机架紧固件检查</td><td>（1）上机架固定螺栓无松动，记号无变化，螺栓锁片无损坏
（2）机架焊缝无开裂，楔子板记号无变化</td></tr>
<tr><td>6</td><td>下机架紧固件检查</td><td>（1）下机架固定螺栓无松动，记号无变化，螺栓锁片无损坏
（2）机架焊缝无开裂</td></tr>
<tr><td>7</td><td>上、下导油箱及油位检查</td><td>上、下导油箱无渗漏，油位无明显变化</td></tr>
<tr><td>8</td><td>机架清扫</td><td>机架各部无杂物、无油污</td></tr>
</table>

续表

序号	设备部位	检修项目	技术要求
9	推力及高压油系统	油箱及油位检查	推力油箱无渗漏，油位无明显变化
10		推力轴承高压油系统检查	油泵工作正常，启动油压正常
11	机械制动系统	机械制动系统气动控制系统检查	气动控制系统正常
12		机械制动系统管路检查	（1）顶转子完成后，检查油管路无渗漏 （2）气源打开检查气源管路无漏气，投入制动检查制动管路无漏气，投入复归检查复归管路无漏气
13		制动器外观检查及清扫	（1）顶转子完成后，检查制动器无漏油 （2）制动复归投入，风闸起落灵活，无卡阻
14		机械制动电磁阀清扫	使用酒精擦拭清扫，无油污、无杂质

2.2 发电机机械部分 C 级检修项目及技术要求

发电机机械部分 C 级检修项目及技术要求见表 2–2。

表 2–2　发电机机械部分 C 级检修项目及技术要求

序号	设备部位	检修项目	技术要求
1	定子（机械）	定子基座、基础螺栓、定位销及焊缝检查处理	定子基座销钉、基础螺栓无松动，螺栓止动措施完好，结构焊缝（连接板连接焊缝）与螺母点焊无开焊
2		定子铁心拉紧螺栓、齿压板检查处理	螺栓无松动，齿压板无开裂变形
3		机组消防柜清扫	无杂物、杂质，无积尘，无油污
4		机组消防喷淋装置清扫、检查处理	消防水管固定管卡、喷头等部位螺栓、螺母无松动，止动措施到位，各管道及法兰密封完好，无渗漏
5		空冷器冷却水管路、阀门检查处理	各管路、法兰及阀门无渗漏
6		空冷器进出口水压力表校验	校验合格，符合标准
7		机组空气冷却器 RTD 校验	校验合格，符合标准
8		机组空气冷却器膨胀型温度计检查及校验	校验合格，符合标准
9		机组消防表校验	校验合格，符合标准

续表

序号	设备部位	检修项目	技术要求
10	转子及大轴（机械）	挡风板及螺栓焊点检查处理	挡风板本体无变形，固定螺栓无松动，螺栓防松动措施到位，锁片无损伤，焊点无开裂
11		制动环及挡块清扫、检查处理	（1）环板径向应水平，其偏差在 0.5mm 以内，沿整个圆周的波浪度不应大于 2mm （2）接缝处应有 2mm 以上的间隙，按机组旋转方向检查闸板接缝，后一块不应凸出前一块 （3）制动环及挡块无变形，固定螺栓无松动，焊缝无裂纹
12		转子组合螺栓、支架焊缝检查	转子组合螺栓应紧固，无松动，转子支架焊缝无开焊、无裂纹
13		转子磁轭、通风沟检查	磁轭拉紧螺栓无松动，磁轭各部无异常，通风沟清洁，无油污
14		轮毂、轮臂焊缝、组合螺栓、联轴螺栓磁轭键检查	（1）轮毂、轮臂焊缝无开裂 （2）组合螺栓无松动，联轴螺栓无松动，锁片焊缝无开裂，探伤无异常 （3）磁轭键点焊无裂纹、无开焊
15		大轴补气装置检查	补气装置无渗漏痕迹，管路密封完好，螺栓无松动
16		转子清扫	（1）转动部分无任何工具、杂物遗留，转子各部位油污、积尘应擦拭干净 （2）通风槽无杂物、无堵塞
17		转子中心体补气管连接部件检查	补气管连接部位无渗漏痕迹，管路密封完好，螺栓无松动，锁片无损坏
18		集电环室清扫（含室顶）	集电环室无杂物、无油污
19	机架	上机架基础螺栓、焊缝及楔子板检查	（1）上机架固定螺栓无松动，记号无变化，螺栓锁片无损坏 （2）机架焊缝无开裂，楔子板记号无变化
20		下机架基础螺栓、焊缝检查	（1）下机架固定螺栓无松动，记号无变化，螺栓锁片无损坏 （2）机架焊缝无开裂
21		机架接地检查	接地线应固定于机坑基础，与机架搭接良好
22		机架清扫	机架各部无杂物、无油污

续表

序号	设备部位	检修项目	技术要求
23	上导轴承	油化验及处理	校验合格，符合标准
24		油槽外观检查处理	油槽各部无渗漏、无油污，油槽盖板密封完好无渗漏
25		抽瓦检查，间隙测量	（1）轴瓦应无脱壳、硬点、裂纹或密集气孔等缺陷，对个别硬点应剔除，如脱壳面积超过瓦面 5%，则不宜采用，瓦背处不得有裂纹及其他缺陷 （2）抗重螺栓球面良好，无明显高点、毛刺、划痕，若工作面存在较深划痕等缺陷应进行更换
26		RTD 校验	校验合格，符合标准
27		膨胀型温度计检查及校验	校验合格，符合标准
28	推力轴承	油化验及处理	油质化验合格，符合标准
29		油槽外观检查处理	油槽各部无渗漏、无油污，油槽盖板、油槽门密封完好无渗漏
30		下导轴承轴瓦检查，间隙测量	（1）轴瓦应无脱壳、硬点、裂纹或密集气孔等缺陷，对个别硬点应剔除，如脱壳面积超过瓦面 5%，则不宜采用，瓦背处不得有裂纹及其他缺陷 （2）抗重螺栓球面良好，无明显高点、毛刺、划痕，若工作面存在较深划痕等缺陷应进行更换
31		高压油顶起装置及管路清扫、检查处理	试验压力应达到 17 ～ 20MPa，工作压力应达到 5 ～ 6MPa，各推力瓦面出油均匀，A、B 泵反复试验 2 ～ 3 次，油膜厚度值应达到 0.07 ～ 0.12mm
32		推力瓦触摸检查	检查瓦面是否存在裂纹、拉痕、硬点等情况，推力瓦边缘平滑，无卷边、无毛刺
33		RTD 校验	校验合格，符合标准
34		膨胀型温度计检查及校验	校验合格，符合标准
35		高压油泵压力表、压力开关校验	校验合格，符合标准
36	机械制动系统	制动闸板与制动环间隙测量	制动闸板与制动环间隙偏差应在设计值的 ±20%范围内
37		吸尘器检查及滤袋清扫	罐内无积尘，吸管无破裂、脱落

续表

序号	设备部位	检修项目	技术要求
38	机械制动系统	制动系统油气管路、阀门检查处理	（1）顶转子完成后，检查油管路无渗漏 （2）气源打开检查气源管路无漏气，投入制动检查制动管路无漏气，投入复归检查复归管路无漏气，阀门开关无卡阻
39		制动器检查处理	（1）顶转子完成后，检查制动器无漏油 （2）制动复归投入，风闸起落灵活，无卡阻 （3）闸板磨损严重，均匀磨损量达 10mm 以上或均匀磨损量虽未达 10mm，而四周有大块剥落时，则闸板应更换
40		制动系统模拟动作试验	风闸制动与复归投入动作灵活，无发卡，无渗漏
41		机械制动电磁阀解体及清扫	电磁阀解体后使用酒精擦拭清扫，无油污，无杂质
42		顶转子油泵及电机检查	各阀门无渗漏，电机工作正常，油箱内油位在正常范围内
43		压力开关、压力表校验	校验合格，符合标准

注：非标项目根据机组运行、故障情况具体确定。

2.3 发电机机械部分 B 级检修项目及技术要求

发电机机械部分 B 级检修项目及技术要求见表 2–3。

表 2–3　发电机机械部分 B 级检修项目及技术要求

序号	设备部位	检修项目	技术要求
1	定子（机械）	定子基座、组合螺栓、基础螺栓、定位销及焊缝检查处理	定子基座销钉、基础螺栓无松动，螺栓止动措施完好，结构焊缝（连接板连接焊缝）与螺母点焊无开焊
2		定子铁心拉紧螺栓、齿压板检查处理	螺栓无松动，齿压板无开裂变形
3		机组消防柜清扫、检查处理	无杂物、杂质，无积尘，无油污
4		机组消防表校验	校验合格，符合标准

续表

序号	设备部位	检修项目	技术要求
5	定子（机械）	机组消防喷淋装置清扫、检查处理	消防水管固定管卡、喷头等部位螺栓及螺母无松动，止动措施到位，各管道及法兰密封完好，无渗漏
6		空冷器冷却水管路、阀门检查处理	各管路、法兰及阀门无渗漏
7		空冷器检查、清污、防腐及水压试验（解体 2 台）	解体后应清理端盖无污泥，并更换端盖密封，单个冷却器耐压试验不低于 0.4MPa，60min 无渗漏
8		空冷器进出口水压力表校验	校验合格，符合标准
9		空冷器 RTD 校验	校验合格，符合标准
10		空冷器膨胀型温度计检查及校验	校验合格，符合标准
11		定子铁心及线棒 RTD 检查	校验合格，符合标准
12	转子及主轴（机械）	空气间隙测量	最大、最小间隙与实测间隙均值之差在实测间隙均值的 ±8% 范围内
13		挡风板螺栓及锁片检查处理	挡风板本体无变形，固定螺栓无松动，螺栓防松动措施到位，锁片无损伤，焊点无开裂
14		转子挡风板拆除清扫（8 年一次）	上下各拆 4 块挡风板清扫，无杂质、无油污
15		制动环及其挡块清扫、检查处理	（1）环板径向应水平，其偏差在 0.5mm 以内，沿整个圆周的波浪度不应大于 2mm （2）接缝处应有 2mm 以上的间隙，按机组旋转方向检查闸板接缝，后一块不应凸出前一块 （3）制动环及挡块无变形，固定螺栓无松动，焊缝无裂纹
16		集电环紧固件检查	螺栓无松动，焊点无开裂
17		转子组合螺栓、支架焊缝检查	转子组合螺栓紧固无松动，转子支架焊缝无开焊、无裂纹
18		转子磁轭通风沟检查	磁轭拉紧螺栓无松动，磁轭各部无异常，通风沟清洁无油污
19		转子中心体（联轴螺栓）、上下圆盘、转子支架（含各部筋板、腹板、焊缝）检查	各紧固螺栓紧固无松动，点焊无开裂，联轴螺栓探伤合格
20		轴线检查及调整	符合国家标准
21		转子中心体补气管连接部件检查	补气管连接部位无渗漏痕迹，管路密封完好，螺栓无松动，锁片无损坏
22		大轴补气密封装置检查	密封面均匀压紧，0.05mm 塞尺检查一圈无间隙，通水试验无渗漏

续表

序号	设备部位	检修项目	技术要求
23	转子及主轴（机械）	转子清扫	(1) 转动部分无任何工具、杂物遗留，转子各部位油污、积尘应擦拭干净 (2) 通风槽无杂物，无堵塞
24		平衡块检查处理	平衡块焊缝无开裂，无脱落
25		防轴电流绝缘垫检查及更换	绝缘垫无破损，如有破损应更换新的绝缘垫
26	机架	上机架基础螺栓、焊缝及楔子板检查	(1) 上机架固定螺栓无松动，记号无变化，螺栓锁片无损坏 (2) 机架焊缝无开裂，楔子板记号无变化
27		下机架基础螺栓、焊缝检查	(1) 下机架固定螺栓无松动，记号无变化，螺栓锁片无损坏 (2) 机架焊缝无开裂
28		机架接地检查	接地线应固定于机坑基础，与机架搭接良好
29		上机架油水管路阀门检查	管路畅通，阀门无卡涩，通水试验无渗漏
30		机架清扫	机架各部无杂物、无油污
31	上导轴承	油化验及处理	化验合格，符合标准
32		油槽清扫检查处理	油槽各部无渗漏、无油污，油槽盖板密封完好无渗漏
33		瓦架检查处理	瓦架焊缝处无脱焊，瓦架无明显变形
34		轴瓦、轴领检查处理	(1) 轴瓦应无脱壳、硬点、裂纹或密集气孔等缺陷，对个别硬点应剔除，如脱壳面积超过瓦面 5%，则不宜采用，瓦背处不得有裂纹及其他缺陷 (2) 抗重螺栓球面良好，无明显高点、毛刺、划痕，若工作面存在较深划痕等缺陷，应进行更换 (3) 检查轴领上划痕及磨损程度，测量瓦面上划痕的长度、深度、方位，检查瓦面是否有集中磨损现象，是否有黑点并测量其面积。轴领表面不得有高点、毛刺或生锈处，抛光后手感要光滑
35		轴瓦间隙测量及调整	调整误差在 ±0.01mm 范围内
36		轴瓦绝缘检查处理	绝缘符合标准
37		冷却器清扫、检查及试验	冷却器应进行清扫无油污，单体耐压试验不低于 0.4MPa，60min 无压降，通水试验无渗漏
38		RTD 校验	校验合格，符合标准

续表

序号	设备部位	检修项目	技术要求
39	上导轴承	膨胀型温度计检查及校验	校验合格，符合标准
40		集电环室清扫	无杂物
41	推力轴承	油化验及处理	化验合格，符合标准
42		油槽清扫检查处理	油槽各部无渗漏、无油污，油槽盖板、油槽门密封完好无渗漏
43		推力瓦分解检查处理	瓦面光洁，无毛刺，无卷边，小弹簧抽样测量，高度无异常，弹簧无断裂
44		推力头、镜板清扫、检查处理	推力头和镜板配合良好，镜板表面无刮痕，无硬点
45		下导轴瓦间隙测量及调整	按设计间隙值调整
46		下导轴瓦绝缘检查处理	绝缘符合标准
47		冷却器清扫、检查及试验	单体耐压试验不低于0.4MPa，60min无压降，整体通水试验无渗漏
48		高压油顶起装置及管路清扫、检查处理及试验	滤芯清洗无残留物，高压油顶转子试验时管路各处无漏点，试验压力峰值 20MPa，稳定压力 7MPa，无异常
49		高压油顶起油泵电机检查及试验	试验压力值无异常，电机工作无异常
50		RTD 校验	校验合格，符合标准
51		膨胀型温度计检查及校验	校验合格，符合标准
52		高压油泵压力表 / 压力开关校验	校验合格，符合标准
53	机械制动系统	制动闸板与制动环间隙测量	制动闸板与制动环间隙偏差应在设计值的 ±20%范围内
54		吸尘器检查及滤袋清扫	罐内无积尘，吸管无破裂、脱落
55		低压气过滤器清扫及检查	无杂质，无油污
56		机械制动电磁阀解体及清扫	无油污，无杂质
57		制动系统油气管路、阀门检查处理	（1）顶转子完成后，检查油管路无渗漏 （2）气源打开检查气源管路无漏气，投入制动检查制动管路无漏气，投入复归检查复归管路无漏气，阀门开关无卡阻
58		制动器检查处理	（1）顶转子完成后，检查制动器无漏油 （2）制动复归投入，风闸起落灵活，无卡阻 （3）闸板磨损严重，均匀磨损量达 10mm 以上或均匀磨损量虽未达 10mm，而四周有大块剥落时，则闸板应更换
59		制动系统模拟动作试验	风闸制动与复归投入动作灵活，无发卡，无渗漏

续表

序号	设备部位	检修项目	技术要求
60	机械制动系统	顶转子油泵及电机检查	各阀门无渗漏，电机工作正常，油箱内油位在正常范围内
61		压力开关、压力表检验	校验合格，符合标准

注：非标项目根据机组运行、故障情况具体确定。

2.4 发电机机械部分 A 级检修项目及技术要求

发电机机械部分 A 级检修除实施 B 级检修项目外，还应实施以下检修项目技术要求，见表 2–4。

表 2–4　发电机机械部分 A 级检修项目及技术要求

序号	设备部位	检修项目	技术要求
1	定子（机械）	圆度、中心水平和高程测量、调整，椭圆度检查处理	定子中心与圆度要求偏差不大于 1.0mm（与水轮机下固定止漏环中心比较），定子铁心圆度在空气间隙值的 ±5% 范围内
2		定子清扫、喷漆	清扫无油污无积灰，喷漆应均匀
3	转子（机械）	转子吊入、吊出	转子吊起 100 ～ 150mm，停留 3 ～ 5min，检查平衡梁吊具的水平度，以及发电机空气间隙是否均匀；检查桥式起重机各部无异常后，将转子提升至 300mm 左右，做 3 次起落试验，若无异常，将转子缓慢提升至高度约 2m 时吊往安装场
4		转子圆度及磁极标高测定、调整	（1）测圆架水平小于或等于 0.02mm/m，安装转动灵活，测量误差大于或等于 0.05mm。转子圆度要求各半径与平均半径之差不大于设计空气间隙值的 ±8% （2）磁极中心挂装高程在 ±1.5mm 范围内
5	机架	机架检查处理	机架各部焊缝无开裂
6		机架中心、水平、高程等测量、调整	（1）机架中心允许误差为 ±1.5mm，轴承处水平偏差不大于 0.10mm/m （2）组合面应光洁无毛刺 （3）合缝间隙用 0.05mm 塞尺检查，不能通过 （4）允许有局部间隙，用 0.10mm 塞尺检查，深度不应超过组合面宽度的 1/3，总长不应超过周长的 20% （5）组合螺栓及销钉周围不应有间隙

续表

序号	设备部位	检修项目	技术要求
7	轴承	镜板表面检查、研磨、修复	(1)镜板在研磨机上应调整水平和中心，水平偏差不大于0.05mm/m，其中心偏差不大于10mm；镜板工作面的粗糙度不大于*Ra*0.4，背面不大于*Ra*1.6 (2)镜板的抛光材料用粒度为M5～M10的氧化铬Cr_2O_3研磨膏1∶2的重量比用煤油稀释。研磨前，用天然油石除去镜板上的划痕和高点，天然油石不得沿径向研磨。镜板研磨合格后，用仪器测量表面粗糙度数值不高于0.4μm，允许表面粗糙度较差部位不超过镜板总面积的10%，但不允许高于0.8μm。镜面的最后清扫应该用无水酒精作为清洗液。镜面用细绸布擦拭干净，待酒精挥发后，涂上润滑脂或中性凡士林进行保护
8		推力头检查处理	(1)推力头在安装前，应将各个法兰面清理干净 (2)校核推力头套装后其底面至镜板背面的间隙，一般应为4～8mm。推力头与主轴间的切向键进行研配，使键能轻轻推入槽内，并能上下移动，研配后的键装在主轴上
9	附属系统	机械制动系统解体检查处理及试验	(1)活塞及缸体无锈蚀、毛刺，表面干净无杂物，“O”形密封圈完好无破损 (2)用顶转子油泵顶起转子，高度一般为3～5mm，持续10min，制动器与管路接头应无漏油现象 (3)闸板磨损严重，均匀磨损量达10mm以上，或均匀磨损量虽未达10mm，而四周有大块剥落时，则闸板应更换。更换后制动器托板保证有少量活动量，闸板无破裂、变形和磨损

第 3 章
发电机部分检修基础理论

3.1 发电机简介

水轮发电机是水电厂主要动力设备之一，它是由水轮机带动，将机械能转换成电能的一种装置，它发出的电能通过电力变压器升压输入电网，这就是水轮发电机的基本原理。

水轮发电机的类型按照布置方式不同，可分为立式装置、卧式装置和斜式装置三种，但无论布置方式如何，水轮发电机一般都由发电机定子、转子、上下机架、导轴承、推力轴承、制动系统、补气系统等部分组成。

推力轴承是水轮发电机的一个重要部件，它承受着水轮发电机组转动部分的重量以及水流所产生的全部轴向水推力，根据其位置的不同，可将立式水轮发电机组分为悬式机组和伞式机组。悬式水轮发电机组的推力轴承位于上机架，伞式水轮发电机组的推力轴承位于转子下方的下机架或水轮机顶盖上的推力支架上。伞式水轮发电机（包括水轮机的导轴承在内）又有二导半伞式和二导全伞式之分。半伞式水轮发电机的主要特点是装有上导轴承而不装下导轴承，即有上无下；全伞式水轮发电机的主要特点是装有下导轴承而不装上导轴承，即有下无上。

3.2 发电机受油器介绍

1. 受油器的作用

受油器是轴流转桨式水轮发电机组的重要部件，其主要作用是将调速系统的压力油自固定油管引到转动的操作油管内，操作油管不仅能随主轴转动，而且还跟随着桨叶接力器上下移动，将调速器主配压阀的油送至操作油管内，通过操作桨叶接力器（活塞）动作，从而达到控制桨叶开度的目的，受油器工况的好坏，对转桨接力器能否安全运行起着至关重要的作用。轴流转桨式机组多安装受油器。

2. 受油器的结构

受油器主要由受油器罩、受油器体、受油器底座、浮动瓦等部分组成。其中浮动瓦分为上浮动瓦和下浮动瓦，每块浮动瓦装有上下两道密封。

浮动瓦采用铸铝青铜瓦，强度高，有良好的耐腐蚀性。

轴流转桨式机组受油器浮动瓦易发生丁腈橡胶耐油圆条老化断裂造成漏油事件，可进行改造，采用绝缘子成型密封条，具有耐油、耐高温、不易老化等优点。

3. 受油器的工作原理

受油器把调速器油箱的压力油通过操作油管送到转轮体内，以便操作叶片的转动，这个过程主要靠浮动瓦和操作油管配合完成。浮动瓦起着分配油路和密封油的作用，上腔接关闭腔，下腔接开启腔。浮动瓦与操作油管间隙至关重要，浮动瓦与受油器配合设计间隙一般在 0.15 ～ 0.20mm。

3.3 发电机定子介绍

1. 定子的作用

定子是发电机的重要组成部分，定子机座用于固定定子铁心以及支撑上机架，定子铁心形成发电机磁路的一部分，定子绕组形成发电机的电路，其余部件则用于连接和支撑。

2. 定子的结构

定子主要由定子机座、定子铁心、定子绕组、上下齿压板、拉紧螺杆、端箍、端箍支架、基础板、引线铜排等部分组成。

定子机座也叫定子外壳，它的主要作用是：承受定子自重以及上机架及装置在上机架上的其他部件的重量；承受电磁扭矩和不平衡磁拉力；承受绕组短路时的切向力；如为悬式机组，还将承受机组的推力负荷并把它传递给基础。对于大型或巨型水轮发电机的定子机座，应采取适应铁心热变形的措施。因此，定子机座必须具有足够的强度和刚度，以抵抗和满足运行中出现的应力和应变。

机组定子机座由钢板焊接而成，为运输方便而分成 4 瓣。

定子铁心是水轮发电机磁路的主要通道。由于在定子铁心中存在着交变磁通，才在定子绕组中感应出交变电流。因此，把定子铁心称为磁电交换元件，并在铁心齿槽中固定定子绕组。定子铁心主要由扇形冲片、通风槽片、拉紧螺杆、上下齿压板、定位筋、托板装配而成。定位筋的尾部置于托板的矩形槽口内，托板焊牢在定子机座的水平环板上。扇形冲片与通风槽片叠装在定位筋的鸽尾槽内，并通过上、下齿压板以及拉紧螺杆将铁心压紧成一个整体。

3. 定子的通风系统

机组运行时，发电机的绕组及铁心将产生大量的热量，为避免绕组及铁心温度过高而引起绕组绝缘损坏，发电机必须设有通风冷却装置。

发电机的冷却直接关系到机组的经济技术指标、安全运行以及使用年限等问题，所以在设计和使用中必须予以足够的重视。大、中型水轮发电机的冷却现在主要有双内水冷、半水冷、闭路自循环全空冷以及强迫风冷等方式。有些电厂采用全空冷方式，具有设备制造工艺维护方便、运行稳定可靠等优点。

一个良好的通风系统，应满足下列基本要求：

（1）水轮发电机运行实际产生的风量应达到设计值并略有余。

（2）各部位（特别是定子有效段）的冷却风量应分配合理，下两部位温度分布均匀。

（3）风路简单，损耗较低。

（4）结构简单、加工容易、运行稳定及维护方便等。

（5）有时还应满足水电厂厂房的结构及电机房冬季取暖需求。

3.4 发电机转子介绍

转子是水轮发电机组的旋转部件。转子主要由转子中心体、扇形支臂、键槽板、磁轭、磁极、上下压板、上下挡风板、制动环等部件组成，通过组装、焊接、叠片、磁轭热套、磁极挂装等工序现场组装而成。发电机转子结构如图 3-1 所示。

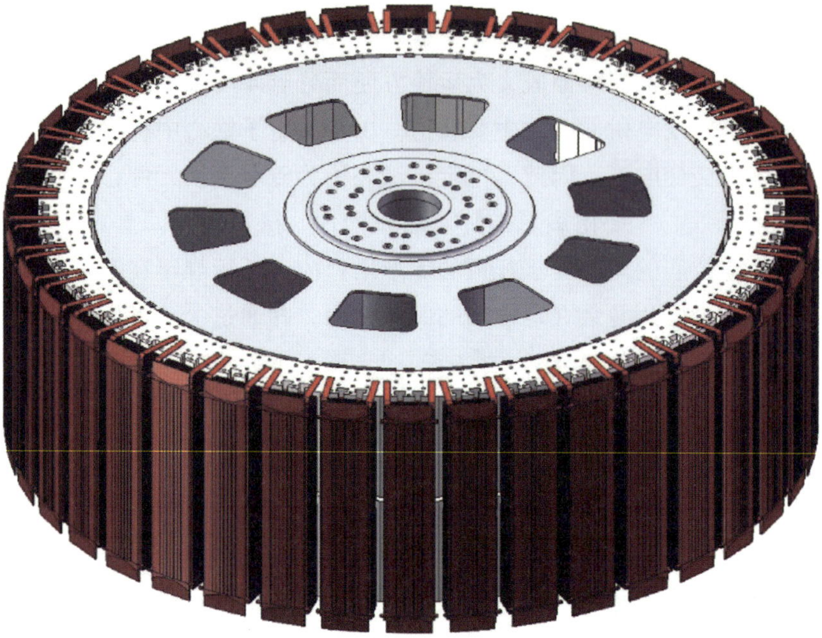

图 3-1　发电机转子结构示意图

1. 主轴

主轴的作用视不同机组类型稍有区别，概括为以下几点：

（1）起中间连接作用。下部与水轮机主轴相连，上部与励磁机轴或上端轴（采用晶闸管励磁时）相连（一根轴结构外）。

（2）承受机组在各种工况下的转矩。

（3）发电机主轴承受由推力负荷所引起的拉应力。

（4）承受单边磁拉力和转动部分的机械不平衡力。

（5）如果发电机主轴与转子轮毂采用热套结构，还要承受径向配合力等。

轴流转桨式机组多为一根轴结构，发电机与水轮机共用一根轴，主轴上端通过连接螺栓与转子相连，下端通过连接螺栓与转轮相连，转子上平面与上端轴相连。

混流式机组多为分段轴结构，主轴上端通过螺栓与转子相连，下端通过联轴螺栓与水轮机轴相连，转子上端与上端轴相连。

2. 转子支架

大、中型水轮发电机的转子支架是连接主轴和磁轭的中间部件，用以固定磁轭。转子支架是传递扭矩的部件。在机组运行中，转子支架要承受扭矩，磁轭和磁极的重力力矩，转子自身的离心力，由于磁轭热打键而产生的径向配合力，当转子支架与主轴采用热套结构时，还要承受由此而引起的径向配合力等。因此，转子支架是一个受力复杂的重要部件。

有些机组转子支架为圆盘式焊接结构，中心体和两瓣扇形块运到工地后焊接成一体，支架下方设置制动环。有些机组支架为圆盘式转子支架结构，中心体和分瓣扇形支臂在工地焊成整体，转子支架的下方设有可拆卸的分块制动环。

3. 磁轭

转子磁轭又称轮环，它是形成发电机的磁路部分，固定磁极，产生飞轮力矩 GD^2，在机组运行中，承受扭矩及热打键所引起的配合力等，外圆有 “T” 型槽，用以固定磁极。

磁轭主要由扇形冲片、通风槽片、拉紧螺杆、定位销、上压板、下压板、磁轭键、锁定板、卡键等部件组成。

磁轭下部还装有制动环，分为固定式和可拆卸式结构，目前一般采用可拆卸式结构，制动环一般用 A3 钢板制成，厚度为 60mm 左右。为减小摩擦热变形，在制动环的摩擦面上开有辐向沟槽。为了防止热膨胀引起环块的挤紧凸起，在两个扇形制动块间一般留有 4 ～ 8mm 的间隙。

4. 磁极

磁极是产生水轮发电机主磁场的电磁感应部件。水轮发电机的磁极通常由铁心、励磁绕组、上下托板、极身绝缘、阻尼绕组及垫板等组成，并用尾部 “T” 型结构固定在磁轭上。

有的机组磁极铁心采用 1.5mm 或 2mm 厚的薄钢板冲片叠压而成，磁极线圈为七边形铜排编绕而成，并采用 F 级绝缘，磁极托板采用高强度环氧玻璃布板整体热压而成，并在厂内与磁极线圈热压成整体。

3.5 发电机机架介绍

1. 机架的作用

机架是水轮发电机的重要组成部件。按照机架的承载情况，可分为负荷机架和非负荷机架。负荷机架又称荷重机架，因承受水轮发电机组转动部分的重量及轴向水推力而得名。此外，它还承受装在机架上的其他荷重以及机架的自重。对于全伞式水轮发电机，负荷机架还要承受径向负荷。悬式水轮发电机的上部机架和伞式水轮发电机的下部机架均为负荷机架。

非负荷机架又称非荷重机架，因不承受机组的主要轴向力而得名。它的主要作用是：装置导轴承并承受水轮发电机的径向力及其自重；伞式水轮发电机的非负荷机架要承担励磁机、受油器以及盖板等的重量；悬式水轮发电机的下部机架和伞式水轮发电机的上部机架均为非负荷机架。

2. 机架的结构

机架不管是荷重机架还是非荷重机架，通常由中心体、支臂和合缝板等组成，其中机架中心体是结构较为复杂且至关重要的部件。非荷重机架结构如图 3-2 所示。

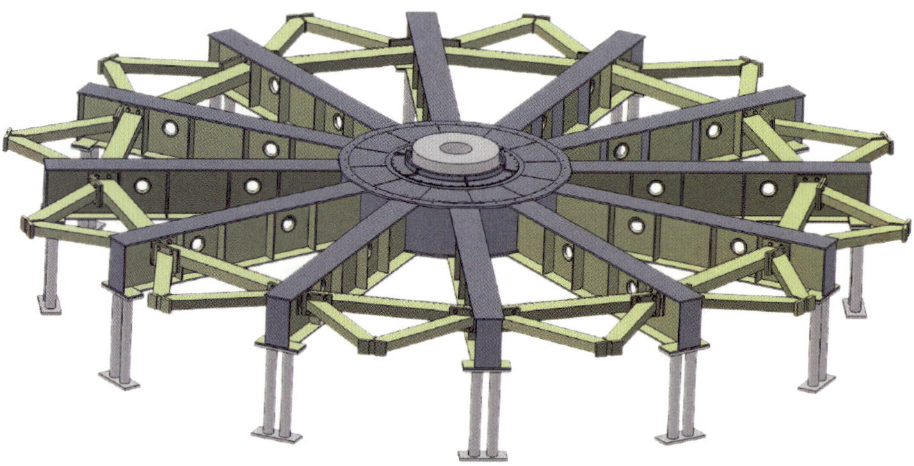

图 3-2　非荷重机架结构示意图

3.6 发电机导轴承介绍

1. 导轴承的作用

水轮发电机在运行中，由于转子的静不平衡、动不平衡、磁拉力不平衡等产生径向力，依靠导轴承承受径向力，保证机组在中心位置一定范围内稳定转动。

2. 导轴承的结构

导轴承的结构形式分为抗重螺栓式、筒式和楔子板式。

楔子板式导轴承由轴领、油槽、挡油管、导轴瓦、楔子板、托板、垫板、冷却器、隔油板、内油槽盖板、外油槽盖板等组成，具有以下优点：调好间隙后不易变，运行可靠；无抗重螺栓，增加了径向刚度；结构简单，加工容易，有利于轴承制造质量的提高；安装、检修方便。

分块瓦式导轴承主要由轴领、油槽、挡油管、导轴瓦、抗重螺栓、托板、垫板、冷却器、隔油板、油槽盖板等组成，冷却器位于导瓦正下方，采用分为两瓣的环形结构，检修时要落托油盘进行处理，分块瓦式导轴承结构如图 3-3 所示。

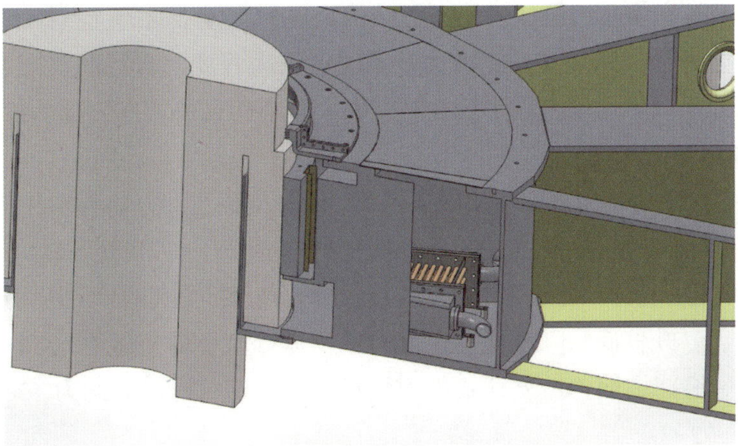

图 3-3　分块瓦式导轴承结构示意图

3.7 发电机推力轴承介绍

1. 推力轴承的作用

推力轴承承受整个水轮发电机组转动部分的重量以及水轮机的轴向水推力，并将这些力传递给水轮发电机的荷重机架及基础混凝土。它是水力发电机组的重要组成部件，其工作性能的好坏，将直接关系到机组的安全稳定运行。

2. 推力轴承的结构

推力轴承主要由卡环、推力头、镜板、推力瓦、支撑、支座、油槽、冷却器、挡油管等多个部件组成（伞式机组一般没有卡环）。

推力头的作用是承受并传递水轮发电机组的轴向负荷及其转矩。

镜板多为45号锻钢制成。其作用是将推力负荷传递到推力瓦上，是推力轴承十分关键的部件，因此，对其技术要求相当严格。

推力瓦的种类主要有传统型普通瓦、双层瓦、水冷瓦、铜底钨金瓦、新轴承合金瓦及梯形绝热瓦等。弹性金属塑料推力瓦具有强度高、耐高温、表面光滑、不需要刮瓦、安装方便、寿命长等优点。钨金瓦具有熔点低、质软，有一定的弹性和耐磨性，既可保护镜板又易于修刮，在运行中可承受部分冲击力的特点。

支撑系统分担推力瓦的轴向力，并将其传递到推力支座上。推力轴承根据支撑结构可分为刚性支柱式、液压支柱式和平衡块式三种。

轴流转桨式机组多采用液压弹性支撑结构。这种支撑结构的优点如下：

（1）自调能力强。弹性支柱式推力轴承能在很大程度上自行调整推力瓦间的负荷，使各块推力瓦的承载不均匀度缩小到3%以内。而刚性支柱式推力轴承各块推力瓦承载不均匀度达20%左右。

（2）推力瓦的单位压力高。在相同条件下，刚性支柱式推力轴承推力瓦的单位压力一般在4MPa以下，而弹性支柱式推力轴承推力瓦的单位压力一般可达5.6MPa以上，即弹性支柱式推力轴承推力瓦的单位压力比刚性支柱式推力轴承推力瓦的单位压力平均高出40%。

（3）推力瓦温升较低。刚性支柱式推力轴承运行时平均瓦温约为50～55℃，瓦间温差一般为5～8℃；而弹性支柱式推力轴承推力瓦运行时瓦温约为40～48℃，瓦间温差一般为1～3℃。

小弹簧束支撑式推力轴承：可以优化推力瓦荷载分布，减小推力瓦变形，进而优化推力瓦的瓦面压力、油膜和温度分布。冷却器对机组推力部分起到冷却作用，通过冷却水，带走机组运行产生的热量。小弹簧束支撑式推力轴承结构如图3-4所示。

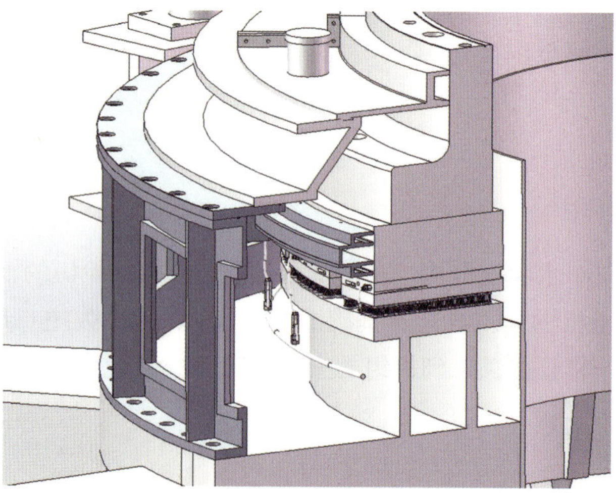

图3-4　小弹簧束支撑式推力轴承结构示意图

3.8 发电机制动系统介绍

1. 制动系统的作用

机组转速下降至制动转速（推力轴承金属瓦机组为 30% ～ 35% 额定转速、推力轴承塑料瓦机组为 15% 额定转速）时，投入低压气（0.5 ～ 0.7MPa）加闸制动；在检修期间，用高压油泵顶起转子并锁定风闸，将机组转动部分重量转移至风闸缸体，再传送至下机架；长时间停机后，再次开机时，也需要高压油泵顶起转子，使推力瓦与镜板之间重新建立油膜。

2. 制动系统的结构

发电机组制动系统一般由制动器、油气管路、手自动控制装置和顶转子高压油泵组成。

3.9 发电机补气系统介绍

1. 补气系统的作用

水轮机在非最优工况运行时，尾水管容易形成真空，引起水轮机空蚀，甚至机组振动，为减小空蚀和振动，采用补气系统对尾水管进行补气。

2. 补气系统的结构

轴流转桨式机组一般通过在顶盖上安装真空破坏阀进行补气。

混流式机组一般通过主轴内补气管补气，机组上部有补气阀浮动轴承密封以及外部补气管和润滑管路。

第 4 章 发电机部分检修标准工艺

4.1 受油器检修

受油器是轴流转桨式水轮发电机组液压操作系统的重要部件，对机组整个控制回路起着重要作用，其具体检修工艺标准如下所述。

1. 受油器解体

（1）受油器在检修前确认操作油管油压排至为零。

（2）拆除万向花键与转速仪的连接螺栓以及回复轴承的指针杆，拆除转速测量仪及相关连接线路。

（3）拆除受油器顶罩与受油器体的螺尾锥销，再拆除两者的连接螺栓，确认无妨碍受油器顶罩吊出的机械、电气零件及线路，使用桥式起重机吊离受油器顶罩。

（4）拆除与受油器体连接的内、外操作油管螺栓及绝缘套筒，取出受油器体与受油器底座的绝缘定位锥销，拆除受油器体与受油器体底座的连接螺栓，取出螺栓孔内的绝缘板、绝缘套及垫片。利用 4 个 M16 的吊环对称固定在受油器体上，检查无妨碍受油器体吊出的机械零件，使用桥式起重机找正方向后起吊受油器体，受油器体起吊过程中需确保受油器体基本水平，防止受油器体在起吊过程中因歪斜导致浮动瓦拉伤。受油器体吊出后，放至已做好铺垫的指定位置。

（5）检查受油器体有无脱焊、裂缝，对受油器体解体检查：

①拆除上浮动瓦压盖与受油器体连接螺栓及锁片，取出上压盖和上浮动瓦。

②利用桥式起重机的大、小钩吊起受油器体，使受油器体在空中进行 180° 翻身后倒立放至地面。

③拆除下浮动瓦压盖与受油器体连接螺栓及锁片，取出下压盖和下浮动瓦。

④检查上、下浮动瓦与其压盖内圈磨损情况，对轻微磨损的压盖，根据磨损状况在

车床上均匀车削，然后进行抛光处理，对磨损严重的压盖进行更换。对浮动瓦瓦面磨损部位使用刮刀进行修刮处理，修刮完成后用圆形棒缠细砂纸对修刮部位进行研磨抛光，再用白绸布和无水乙醇对瓦面进行清洗，对磨损严重的浮动瓦应进行更换。检查浮动瓦固定圆柱销有无剪断，对剪断销钉进行更换。

⑤测量上、下浮动瓦内径及内、外操作油管外径，浮动瓦与操作油管间的间隙应满足 0.15 ～ 0.20mm 设计间隙值。

⑥清扫受油器底座内的残油后拆除甩油板，先拆除支持环与甩油板连接螺栓和止动垫圈，取出甩油板，取出时注意避免碰撞，防止碰坏梳齿口。拆除受油器体底座，先取出发电机端罩与受油器底座连接的螺尾锥销并拆除连接螺栓，再使用桥式起重机吊出受油器底座。

（6）受油器操作内、外油管及挡油管拆除：

①拆除受油器外管Ⅰ和外管Ⅱ，先拆除外管Ⅰ与内管连接螺栓及锁片，取出外管Ⅰ密封端盖，再拆除外管Ⅱ与外管Ⅰ连接螺栓，使用桥式起重机吊出外管Ⅰ。拆除外管Ⅱ与外管支持环连接螺栓，吊出外管Ⅱ。

②拆除受油器内管Ⅰ与内管Ⅱ的连接螺栓，吊出受油器内管Ⅰ。

③拆除并吊出发电机端罩及电刷架、集电环、电刷托盘、支持环等电气组件。

④利用专用吊具，固定在挡油管上，待发电机上端轴吊出后，拆除挡油管与主轴连接螺栓，吊出挡油管。

⑤拆除外操作油管与主轴支板连接螺栓及支板，装上吊具，松开 M30×100 螺栓，利用桥式起重机吊出外操作油管。

⑥拆除操作内管Ⅱ与操作油管Ⅱ连接螺栓及圆柱销，装上吊具，利用桥式起重机吊出操作内管Ⅱ。

⑦松开机组主轴与水轮机端盖大轴联轴螺栓，将外操作油管专用吊具放至主轴专用吊具内，与外管相连接，轻轻起吊水轮机大轴，待外管连接螺栓露出后，拆卸取出。利用厂房桥式起重机起吊大轴，待内管连接螺栓露出后，拆卸取出。检查有无妨碍大轴及内、外管吊出的管路及部件。大轴继续起吊至 1 ～ 1.5m，将内、外管定位架安装于大轴下部，安装完成后整体吊出。

⑧将大轴连同内、外管放置在做好铺垫的指定地点上进行分解。检查分解后的内、外管，记录各段外管、内管的轴套磨损部位、深度及磨损情况，对磨损部位进行修刮、打磨处理，更换对磨损严重的部件。

2. 受油器回装

（1）受油器回装前，各部件已检查、处理完毕，并完成清扫，各密封元件已换新。

（2）按拆卸顺序逆向回装各部件，吊入受油器底座时，需测量及调整受油器底座水平，水平要求不大于 0.02mm/m。

4.2 定子检修

（1）定子外观检查：各螺栓紧固、无松动，基础螺栓紧固应达到规定力矩，各结构焊缝与螺母点焊无开焊和开裂现象，各销钉无窜出。

（2）定子基座组合缝检查：机座组合缝用 0.05mm 塞尺检查不能通过，允许有局部间隙，用不大于 0.10mm 的塞尺检查，深度不应超过组合面宽度的 1/3，总长不应超过周长的 20%，组合螺栓及销钉周围不应有间隙。检查定子铁心及通风槽无异常，定子上下端部、定子铁心通风沟内及铁心背部机座环板上无任何杂物和异物堵塞；定子铁心衬条、定位筋及托板应无松动、开焊；齿压板压指与定子铁心间应无间隙、无错位，并接触紧密，齿压板端部无变形，螺母点焊无开裂。若定子铁心有松动，且其穿心螺杆预紧力不满足要求，应对拉紧螺杆进行紧固处理，紧固力矩应满足设计要求，穿心螺杆与铁心间的绝缘应满足要求。

（3）发电机空气间隙测量：各点实测间隙的最大值或最小值与实测平均间隙之差同实测平均间隙之比在 ±8% 范围内。

（4）定子消防系统检查：各管路及法兰密封完好，消防孔洞无堵塞。复测定子中心与圆度，挂钢琴线，用油桶盛浓度较高的机油，重锤上焊阻流栅，放入油桶，以水轮机实际中心找正，用内径千分尺测量定子中心和圆度，定子铁心圆度（各半径与平均半径之差）在设计空气间隙值的 ±4% 范围内，一般在距定子铁心上下端部约 100mm 位置测量，并沿铁心高度方向每隔 1m 距离选择一个测量断面，每个断面不少于 16 个测点，每瓣上每个断面不少于 3 点，并在接缝处应有测点，中心偏差不应大于 0.5mm。机座表面涂层应完好，对局部损伤处按部件原涂层要求进行修补。

4.3 转子检修

在一般性检修中，只对转子做检查处理。检查挡风板固定螺栓有无松动及裂纹，螺栓锁片有无破损，更换破损锁片。检查转子固定部件螺栓、销钉有无松动，支臂焊缝有无开裂，各磁极键、磁轭键均应紧固，焊缝无开裂。检查大轴联轴螺栓及螺栓挡块有无松动，焊缝有无开裂。检查制动环有无损伤，螺栓有无松动，螺栓应凹进摩擦面 2mm 以上，制动环接缝处应有 2mm 以上的间隙，错牙不应大于 1mm，且按机组旋转方向检查闸板接缝，后一块不应凸出前一块。转子通风槽及其他隐秘部件上无异物。

在机坑内拆装磁极，以水布垭电厂为例，其他机组可以此做参考。先拆除磁极上、下方挡风板固定螺栓及螺母。拆除磁极间的阻尼环，打磨开位于转子支臂孔内的磁极撑块拉紧螺杆螺母，拆除拉紧螺杆并取出磁极撑块，将取出的撑块进行标记。在每根磁极键上做好相对应位置的标记，使用角磨机打磨开磁极键之间的焊点，保证磁极键能够顺利脱离。在磁极与定子线棒之间放入木板做防护，配合起重作业人员，使用拔键器将磁极键拔出，吊入磁极吊装专用工具，在磁极和吊装工具间塞入毛毡进行防护，使用吊带将磁极绑扎稳固，再吊出磁极。磁极吊出后，检查磁轭“T”型键槽内应干净无杂物。磁极回装过程按拆卸逆向进行，注意磁极键按所做标记回装，回装前可将铅油涂抹在磁极键斜面上，磁极键放入后使用大锤将键打入，磁极键打入后其配合面接触良好，用手摇晃不动，磁极键打入深度不小于磁极铁心高度的 90%，打键完成后，其上端留出 200mm 左右的长度，下端键头应割至磁极铁心底面齐平，最后将磁极键点焊固定，作业完成后将现场清扫干净，回装挡风板。

1. 上端轴拆卸

上端轴拆卸前上机架已吊出，在上端轴联轴螺栓、螺母、上端轴法兰孔和转子中心体法兰孔处做好标记。使用液压拉伸器拉伸对称四个方向的螺杆，松开螺母。按 90° 方向对称拉伸其余的螺杆，依次松完所有螺母。保留对称 4 颗联轴螺母，拆除其余螺母。将专用吊具安装至上端轴，拆除剩余 4 颗联轴螺母，吊出上端轴，放置于指定位置。检查上端轴各精加工面，对各精加工面上的高点、毛刺进行打磨处理。将 46 号透平油涂抹于法兰、轴颈部位，用蜡纸封包。对拆下的联轴螺栓、螺母进行除锈处理，处理完成后涂上防锈黄油。

2. 发电机主轴脱轴

脱轴需要具备的条件：

（1）用顶转子油泵顶起转动部件。闭锁制动器，保证转动部件顶起高度 10 ～ 15 mm，制动器闸板水平误差在 ±0.5 mm 范围内，撤除油压。

（2）对于混流式机组结构，在水轮机转轮与基础环之间对称 8 ～ 12 个点垫铁块 18 ～ 20mm，垫铁上方须加垫铜皮。加工制作顶起转轮专用压板、螺杆，并配备 4 台 50t 千斤顶。

（3）在水车室内搭设脚手架，便于在法兰处作业。

（4）机组的下导轴承已拆除，密封盖板、下导瓦、接油槽、油盘、挡油管、下导轴承油冷却器及其他附件等已移开。

标记主轴连接螺栓、螺母、主轴上法兰孔与转子中心体下法兰孔，在下机架工作平台上架设千斤顶顶住下部螺杆，用液压拉伸器拉伸对称 4 个方向的螺杆，松开 4 个螺母，预留 3 ～ 4 个扣牙，以防滑落。用铜棒敲击螺杆，使用手拉葫芦缓慢下落螺杆至千斤顶上，作业人员旋下千斤顶，取出联轴螺栓，依次拆除全部联轴螺栓。作业人员同步下旋千斤顶，将转轮水平放置于位于基础环上的铁块（轴流转桨式机组使转轮水平落于转轮悬吊卡环上）。对各部相对位置做好标记，每根螺杆、螺母配对良好，螺杆与螺孔编号相对应，便于回装。

3. 转子吊出

（1）转子吊出前需要具备的条件：

①转子安放支墩的平均高差已调节合格（在 ±0.05mm 范围内）。

②桥式起重机的平衡梁检查合格，水平调整已在规定范围内。

③转子上部无妨碍转子吊出的部件，电气各引线均已拆除。

④发电机空气间隙测量完毕。

⑤推力头、发电机主轴与转子中心体各连接螺栓、销键均已拆除，大轴内补气管均拆除。轴流转桨式机组因结构不同，发电机转子与推力头及水轮机轴已分开。

⑥混流式机组转轮下环与基础环间垫放好，楔子板打紧并点焊。

⑦将木条均匀放置在转子与定子间隙间。

⑧顶起转子，制动器闭锁，将转子重量落在制动器上。

⑨两辆桥式起重机电气设备已检查完毕，试验完毕，并车动作可靠。

⑩检查转子各部位已无障碍或杂物。

⑪ 起吊转子的平衡梁吊具，组装连接完成。

⑫ 各岗位工作人员已就位，起吊组织机构明确，信号通畅。

（2）转子吊出工序：

①起吊前进行静载荷试吊，转子提升 20mm，脱离止口，主钩制动，停留 3 ～ 5min，检查桥式起重机各部位无异常。测量桥式起重机主梁挠度，挠度值不应大于设计许可值，检查吊具水平，检查空气间隙是否合格。

②起吊动载荷试验，转子升降两次，第一次起升 100mm，落下 50mm，桥式起重机主起升制动有效。第二次起升 400mm，落下 200mm，桥式起重机主起升制动有效。

③在转子吊出过程中，桥式起重机上应设机电维修人员，对制动闸瓦、减速箱和各部件以及电气设备的运行情况进行检查和监视。

④转子在定子内起落时，沿定子周围每隔两个磁极应派人用木板条插入磁极与定子的空隙中，并用手中的木板不停地提放，如果有木板被卡住，应及时通知起吊指挥人员，待转子微调到中心后再继续起吊。

⑤转子起吊高度应超过沿途最高点 200mm，按指定路线匀速行走至检修场地，没有异常情况中途不宜停顿。

⑥转子吊至预定位置上方，将转子缓慢放下，平衡放置于支墩上，确认转子放置平衡后方可松开起吊平衡梁。

⑦转子吊出后，应及时对法兰、转子中心体上下结合面及螺栓孔进行清扫除锈，涂上凡士林或黄油，防止锈蚀。

4.4 机架检修

1. 上机架检修

上机架为非负荷机架，检修时应检查机架有无变形，机架与基础的组合螺栓、销钉有无松动，锁片是否紧固，焊点有无裂纹和开焊等异常现象。

2. 上机架拆卸

不同机组上机架结构基本相似，本节主要介绍轴流转桨式机组上机架拆卸。

（1）上机架吊出前应具备的条件：

①集电环、电刷架、受油器体及内外油管、发电机端罩已拆除。

② 发电机大盖板、灭火装置已拆除。

③上导瓦、上导瓦架、上导瓦内挡油管及上导轴承已吊出。

④上导轴承油槽防油雾化装置已拆除，发电机油水管路已吊出。

⑤上机架及瓦架与大轴相对位置，以及上机架标高、水平已测定。

⑥上机架支臂周围各千斤顶、配合斜楔已完全松开。

⑦上机架支腿与定子装配销钉已拆出，螺栓已拆除。

⑧妨碍上机架吊出的所有管路、引线等均已断开或拆除。

（2）上机架吊出。

起吊前，检查各部位固定螺栓已拆卸完毕，核实钢丝绳的强度、尺寸及上机架的重量应符合要求，确认无误后准备起吊。起吊时，先找出水平，再均衡受力，以慢速起吊约 20 mm，由有关人员检查，确认无误后，再匀速起吊至离地板 2 m 高左右，桥式起重机送到安装场，缓慢下落至预先准备的 8 个支墩上，检查支墩稳定性，确认稳定后，方可拆掉钢丝绳。上机架在起吊或吊入时，各支腿处及上导油槽内圈应派人监视，以免碰伤轴领及发生意外情况。支腿处如有垫片，应清理并做好编号。上机架吊出后，应对支腿与定子结合面进行清理。

（3）上机架吊装。

当发电机上端轴已吊入，其中心初步找正后，可准备回装上机架。上机架吊入就位后，应调整其标高、水平和中心至允许范围内。拆装前后测量应在同一位置，水平偏差不应大于 0.10mm/m，高程偏差应在 ±1.5mm 范围内，同心度允许误差 1.5mm。将上机架支腿原有垫块清理干净，放入垫块并打入销钉，对称紧固连接螺栓，并用 0.05 mm 的塞尺检查结合面间隙，要求各组合面合缝间隙用 0.05mm 塞尺检查不能通过，允许有局部间隙，用 0.10mm 塞尺检查，深度不应超过组合面宽度的 1/3，总长度不应超过周长的 20%，组合螺栓及销钉周围不应有间隙，组合缝处的安装面错牙不宜超过 0.10mm。对上机架表面进行清扫，铲除表面脱漆层，重新刷漆。

3. 下机架检修

下机架为负荷机架，检修时应检查机架有无变形，各焊点有无开裂，对开裂部分进行补焊，螺栓应紧固、无松动，销钉无窜出。

4. 下机架拆卸

本节主要以混流式机组下机架为例来做介绍。机架拆卸前，推力轴承、下导轴承、下机架各测量装置、引线等都已拆除。拆除制动器油、气管路及吸尘器装置，拆除推力外循环冷却器进、排水阀门，拆除下机架上的各连接水管，对各拆卸管路、接头的位置做好标记并用白布包扎。拆除下机架基础螺栓，用顶丝将机架顶松，检查下机架与其他设备各连接部位，确保无遗漏。安装下机架吊具，桥式起重机找正中心，再次检查无误后开始起吊，起吊 20 ～ 50mm 后再次确认桥式起重机及吊件各部正常，继续起吊。吊出后将机架放置在已准备好的专用支墩上，检查是否放平。落放平稳后，检查机架结合面处，若有毛刺应进行打磨。

4.5 导轴承检修

轴流转桨式机组和混流式机组导轴承结构形式大同小异，有的采用楔子板式结构，有的采用抗重螺栓式结构。

1. 检修前准备工作

打开排油阀，排去油槽内的透平油，对于进、排油分开的管路，先关闭进油阀再开启排油阀进行排油，检查进、排油管路上各阀门开启是否正常。

2. 油槽盖板拆卸

拆除油槽密封盖板上各测量元件后，将油槽密封盖板做好标记，拆除盖板地脚螺栓和合缝螺栓后将密封盖板分瓣取出放置于指定位置。对于有挡油板的部件，将挡油板做好标记，拆除挡油板连接螺栓后取出放置于指定位置。

3. 导轴瓦的拆装及检查

（1）楔子板式结构。

轴位测量：先确保大轴处于自由垂直状态，使用内径千分尺测量轴领与瓦架 4 个测点的间距，即轴位，并做好记录。

瓦间隙测量：在导轴承 X、Y 方向分别架设一块百分表，共 4 块百分表，并将百分表调零。用顶丝将所有瓦顶靠在轴领上，顶靠过程中监视百分表的读数，确保轴瓦抱紧后百分表读数在 ±0.1mm 范围内。用塞尺测量每块瓦背与楔子块间的距离，并做好记录，测量后校核允许误差为 ±0.01mm。

抽出轴瓦时，先拆除顶丝及油温、瓦温探头和测量元件引线，测量导瓦楔子板的肩高并记录，松开楔子板与楔槽连接螺栓，取下楔子板及压板，记录螺栓、压板及楔子板的数量并放置于固定位置。取出导瓦放在毛毡上，检查导轴瓦表面有无脱壳、裂纹、高点等现象，做好记录，对瓦面有轴电流烧痕处，可先使用细油石打磨，再用无水乙醇及绸布清扫干净，然后用弧面磨具包毛毡配适量研磨膏磨光，最后挑花处理。对瓦面刀花局部模糊或磨损，用刮刀进行修刮，前后两次的刀花方向应垂直，瓦面接触点应为每平方厘米 1 ～ 3 点。检查瓦背，应平整无凹坑和裂纹，导轴瓦的绝缘垫和绝缘套无裂纹。回装导轴瓦时，楔子块肩高应恢复至拆前所记录的位置。

（2）抗重螺栓结构。

轴位测量与瓦间隙测量方法同上，瓦间隙测量时，使用塞尺测量瓦背与抗重螺栓球头间的距离。抽瓦时，先用顶丝将导轴瓦抱紧，用塞尺测量其间隙值，然后松抗重螺栓将导瓦抽出来。回装导轴瓦一般按照拆前间隙值恢复即可。

4. 导轴承轴领和油槽检查

检查导轴承轴领处应光洁无毛刺，对局部锈斑、划痕、毛刺，应先用天然油石磨去，再用研磨膏予以抛光，最后用白绸和无水乙醇将轴领表面清扫干净。

检查油槽。检查油槽各部位焊缝有无开裂，对开裂部位应做补焊处理，处理完毕后做渗漏试验，检查油槽内壁有无锈蚀、脱漆现象，若有则应去锈和刷漆。最后对油槽进行整体清扫，确保油槽内干净、无杂物。

5. 轴承冷却器检修

（1）冷却器位于外油槽内。

冷却器位于导轴瓦后方的外油槽内，拆冷却器油槽地脚螺栓，取下油槽盖板。冷却器上方有分油板时，应先拆除分油板，再分解拆卸冷却器连接水管，配合起重作业人员吊出冷却器，放置于指定位置。分解取出冷却器，对冷却器管路及端盖进行清洗，制作并更换新端盖密封，待冷却器清洗完成后回装，回装后对单个冷却器进行耐压试验，耐压强度按设计要求的试验压力进行，耐压 60min 无渗漏。在无设计要求时，试验压力为工作压力的 1.5 倍，不低于 0.4MPa，耐压 60min 无渗漏。发现出现压降现象，在有压状态下对冷却器进行检查，若漏点出现在端盖密封处，则从新紧固端盖螺栓，直至漏点消失。若漏点为铜管破裂处，则用尼龙棒将破裂铜管的两头堵住；若漏点出现在铜管接头处，则用螺栓堵住该铜管两端并将其焊死，堵塞铜管数量不超过总数的 10%，否则更换冷却器。处理完成后，需重新进行耐压试验，直到合格为止。

冷却器整体回装按拆卸逆向步骤进行，回装前，需检查连接管路连接法兰面情况，法兰面应无高点和径向凹槽，更换法兰密封后，紧固法兰连接螺栓，紧固连接螺栓时，先紧固缝隙较大的一侧，边紧边观察，确保连接螺栓应对称均匀紧固，两个法兰面应无错位，注意紧固用力切勿过大，防止法兰盘焊缝开裂。回装完成后，应进行整体耐压试验，试验压力为 1.25 倍工作压力，保持压力 30min，无渗漏现象。

（2）冷却器位于托油盘上。

冷却器位于导轴承下方的托油盘上，托油盘拆除前，在托油盘下方搭设检修平台，标记油盘与下机架的位置。打开位于托油盘上的排油阀，排尽下导油槽内剩余的残油，拆除位于托油盘下方的齿盘测速环与接地碳刷，拆除位于托油盘上的油混水报警器，分解进、排水管路，将托油盘四个方向上焊接的吊耳挂于四个手拉葫芦上，待手拉葫芦均受力后，拆卸托油盘连接螺栓，同时均匀使用手拉葫芦下落托油盘，下落时注意观察托油盘的倾斜度，保证托油盘几乎水平下落，以防托油盘倾斜造成冷却器的磕碰。托油盘下落至合适位置后，锁定四个手拉葫芦，并在托油盘下方做好防护，再对托油盘上的冷却器进行拆卸，取出冷却器后进行解体检修和耐压试验。

6. 挡油管的拆卸

拆除挡油管时，先用塞尺测量挡油管和大轴之间的间隙值，找出最大值和最小值的方位，然后拆除位于挡油管下方的集油槽，取下集油槽及其排油管路。打开导轴承油槽底部排油阀，检查油槽内是否还有残油。拆卸挡油管底部连接螺栓，对称保留 8 个螺栓，在 4 个对称方向，利用千斤顶底部垫枕木，顶住挡油管底部，将 4 个导向杆对称插入拆卸的螺栓孔内，4 个方向同时慢慢下落千斤顶，将挡油管平衡放于事先布置好的枕木上，清扫挡油管内的残油并更换密封。对需要分瓣的挡油管，将挡油管组合处做好标记后，拆除连接螺栓，将挡油管分瓣，更换密封后重新组装。

4.6 推力轴承检修

伞式机组推力轴承都位于下机架内，有的推力轴承是小弹簧支柱结构，还有的是弹性油箱结构，具体检修步骤如下：

1. 准备工作

记录停机油位，取完油样后进行油槽排油，排油时设专人监护，防止跑油。

2. 拆推力检修门

拆卸推力检修门连接螺栓，取下推力检修门放置于指定位置。推力冷却器为抽屉式结构，在拆推力检修门前，需先断开位于推力检修门上的冷却器的进、排水管路，再拆卸连接螺栓，取出冷却器放置于枕木上，防止冷却器倾倒。

3. 推力瓦的拆装及检查

推力轴承抽瓦检查前，先用顶转子油泵顶起转子，一般顶起高度为 10 ～ 15mm，待转子顶起至合适高度后将制动器锁盘，检查制动器是否锁定到位，确定完毕后才可泄压，最后让机组转动部件的重量落于下机架上。对油槽内的残油进行初步清理后，拆除推力瓦挡块及瓦温测量探头。

推力瓦为巴氏合金瓦，一般配有高压油泵顶起装置。推力轴承抽瓦检修时需先拆除推力瓦与高压环管之间的高压软管和逆止阀并做好标记。将专用的抽瓦平台放入油槽内，调整抽瓦平台高度使其上平面与推力瓦底部平齐，将抽瓦平台放入推力油槽内，抽出推力瓦置于抽瓦平台上，经抽瓦平台运出油槽外。

抽瓦之后，拆除小弹簧前挡块，将每块瓦对应的小弹簧和挡块收集起来，放入铁皮桶中，并做上对应的标记。准备不锈钢盆、清洗剂、毛刷，清洗小弹簧及挡块，对清洗后的弹簧抽取 20% 数量的小弹簧进行检查，检查弹簧受力情况，检查外观是否存在锈蚀、折断、裂纹等情况，并进行除锈或更换，对小弹簧高度进行测量，高度应满足设计要求。使用风管对推力瓦进行清洗吹扫，检查推力瓦瓦面有无硬点、脱壳或坑孔等情况，检查油室边缘有无毛刺等现象，发现有气孔夹渣，用刮刀挑出。对瓦面局部硬点应剔除，坑孔边缘应修刮成坡弧，脱壳占推力瓦面积 5% 以下，且在推力瓦的主承载区或以油室的出油孔为圆心半径 100mm 的范围内不得有脱壳现象，否则应更换推力瓦。特殊情况下的研磨、刮瓦，用酒精、绢布清洗瓦面，将瓦面翻放在研磨平台上顺时针转动，每次转动 1 ～ 2 圈，然后再翻面刮削，修刮时应对瓦面局部磨损严重处重点修刮，并辅以普遍挑花，刀花均匀、整齐、交错排列，重复进行至瓦面接触点为每平方厘米 2 ～ 3 点，瓦面每处局部不接触面积不大于推力瓦面积的 2%，最大不超过 $16cm^2$，其总和不超过推力瓦面积的 5%。进油边应按设计要求刮削，在无规定时，可在 10 ～ 15mm 范围内刮成深 0.5mm 的倒圆斜坡。推力瓦检查处理完毕，对推力瓦进行清洗，按拆卸逆步骤回装，弹簧回装时注意防止回装过程中小弹簧倒塌掉落。回装逆止阀应注意方向，安装时应小心谨慎，防止用力过猛拧坏螺纹，回装时注意对紧固螺栓需打上螺纹紧固剂后再紧固，回装后检查推力瓦与间隔块之间的间隙，其值应大于 1.5mm。最后检查推力瓦面与镜板间无异物后，落下转子。

推力瓦为弹性金属塑料瓦时，在抽出推力瓦后检查推力瓦情况，瓦面三道磨损环是否清晰可见，瓦面有无金属丝裸露、分层、裂纹、划痕等现象。对瓦面高点及毛刺，可用 600 号以上的耐水砂纸及 W7（05 号）金相砂纸进行打磨，但不可以将该处打磨出凹坑。对缺陷严重的推力瓦进行更换。

4. 弹性油箱受力调整

弹性油箱式推力轴承检修时，其受力调整合格标准是：当转动部分重量落在推力轴承上时，每个弹性油箱的压缩变形量差值要在允许误差范围内。弹性油箱式推力轴承具有较高的自调节能力，一般情况下，弹性油箱的压缩变形量最大差值小于 0.2mm 可认为合格。弹性油箱受力调整时，主轴应处于垂直状态，机组转动部分中心已调整合格，镜板水平已调整合格。弹性油箱受力调整前需先满足下列条件：主轴处于自由状态，即机组轴线中心调整合格后，将整个转动部分重量落在推力轴承上，在上导轴承及水导轴承四个方位上选取轴承瓦对称抱紧，使机组主轴受到上、下两个约束力而处于强迫垂直状态。

主轴处于强迫垂直状态后，在每个弹性油箱的保护罩上安装测杆，测杆应沿径向分布，在每个测杆下方架设一块百分表，每块百分表的测量基本一致，标有在测杆下方应与测杆垂直，用顶转子油泵顶起转子 10 ～ 15mm，将百分表调零，调整完毕后落下转子，待转子平稳后读取百分表数据，做好记录。计算每个弹性油箱的中心压缩量 A_1，A_2，A_3，…，A_{12} 和各个弹性油箱的中心压缩量平均值 B，$A_i-B(i=1,2,\cdots,12)$ 为各个弹性油箱应降（正值）升（负值）的调整量。根据弹性油箱底部支柱螺栓的牙距，将各弹性油箱的调整量换算成支柱螺栓的转动量，根据转动量使用专用工具进行受力调整。调整完毕后，再次重复测量步骤，直至每个弹性油箱的压缩量与弹性油箱平均压缩量的差值小于 0.2mm。

5. 推力瓦架及推力油槽检查

对瓦架进行清洗，检查瓦架焊缝有无开裂，螺栓是否紧固，修磨各结合面的毛刺，去锈。检查径向瓦挡块有无松动。

检查油槽。检查油槽各部位焊缝有无开裂，对开裂部位应做补焊处理，处理完毕后做渗漏试验。检查油槽内壁有无锈蚀、脱漆现象，若有则应去锈和刷漆。最后对油槽进行整体清扫，确保油槽内干净、无杂物。

6. 推力冷却器检修

（1）冷却器位于油槽外。

推力外循环冷却器检修时，先拆除冷却器进排水管阀门，拆除与冷却器相连的进出油管路法兰螺栓，拆除时用桶或盆放于法兰下部，收集可能从法兰面溢出的残水、残油，打开冷却器本体排油阀，排空本体内余油。配合起重人员用手拉葫芦将冷却器原位起吊受力后，拆卸下机架与冷却器的固定螺栓，将冷却器借助手拉葫芦放至垫好的枕木上，拆冷却器上端盖和下水箱的固定螺栓，对冷却器进行清扫，更换端盖密封后重新回装，检查上端盖排气阀是否完好，回装完毕后使用试压工具连接推力冷却器进行耐压试验，耐压强度按设计要求的试验压力进行，耐压 60min 无渗漏。若出现压降现象，重新分解冷却器并找出渗漏的铜管，若漏点为铜管破裂所导致的，可使用尼龙棒将存在漏点的铜管两端堵死；若漏点为铜管胀管所导致的，可用螺栓堵住该铜管两端并将其焊死，堵塞铜管数量不超过总数的 10%，否则更换冷却器。处理完成后，再对回装后的冷却器进行耐压试验，试验合格后对冷却器进行回装。回装按拆卸方法逆向操作，回装前，需检查进排水管路连接法兰面情况，法兰面应无高点、无径向凹槽，更换法兰密封后，紧固法兰连接螺栓，紧固连接螺栓时，先预紧缝大的一侧，边紧边观察，确保连接螺栓对称均匀紧固，两个法兰面无错位，注意紧固用力切勿过大，防止法兰盘焊缝开裂。回装完成后，应进行整体耐压试验，试验压力为 1.25 倍工作压力，保持压力 30min，无渗漏现象。

（2）冷却器位于油槽内。

推力轴承内置抽屉式冷却器检修：先将冷却器取出后，拆除位于推力冷却器上的端盖，对冷却器内部进行清扫，更换端盖密封后回装端盖，使用试压工具进行耐压试验，耐压强度按设计要求的试验压力进行，耐压 60min 无渗漏。若出现压降现象，找出并处理漏点后重新试压，直至合格。

推力内循环冷却器检修：先将两侧检修门打开，清理推力油槽内余油，拆除冷却器进排水管接头，拆除冷却器地脚螺栓，将冷却器抽出至检修平台上，下面垫好枕木。将冷却器挂上专用吊绳，用手拉葫芦将冷却器放至地面，再抬至指定位置并做好防护，使用试压工具按要求进行耐压试验，试验合格后回装冷却器，回装时将冷却器吊起，插入专用导向杆，平推至油槽原来位置，注意进排水主管穿出油槽外壁时勿碰撞，紧固地脚螺栓，连接进排水管路。

7. 高压油顶转子装置检修

高压油顶起装置检修流程基本相同，即先将与推力瓦连接的单向阀、连接管拆卸后，做好编号放于指定位置，编号与推力瓦号一致，分解油泵，将分解件放入油盆中清洗干净，检查转子和轴套的磨损情况。清除毛刺，倒角，抛光。回装时，在转动部位涂上 46 号汽轮机油，安装端盖螺栓，对称均匀紧固。回装完毕，用手转动灵活。检查电机支架水平，要求不大于 0.10mm/m。过滤装置的清洗及更换：拆卸低压管路上的 2 个“Y”型过滤器端盖，取出不锈钢过滤网，浸泡至清洗剂中，清洗后用白布擦干后回装；将高压管路上的“T”型过滤器拆开，更换里面的滤芯，回装过滤器密封罩，注意密封应保持完好。管阀部件的清洗检查和试验：对管路用低压气枪进行吹扫，用铁丝、白布进行拉洗，检查管路、接头、阀门有无砂眼、螺纹失效、密封损坏等情况，对损坏的进行更换，对单向阀进行 4MPa、6MPa、8MPa 和 10MPa 压力的反向耐压试验，耐压 10min 应无渗漏，若有渗漏则进行更换。回装完成后进行高压油系统清洗，向清洗干净后的油槽内注入透平油，油面淹没进油管口以保障油循环，将单向阀头部放至油槽底部，开启高压油泵，对整个油泵系统进行清洗，清洗完成后排出透平油。对高压油系统进行耐压试验：在单向阀头部安装堵头，对油泵外部件进行 25MPa 压力试验，耐压 30min 无渗漏，试验结束后拆除堵头，连接单向阀与推力瓦，恢复系统。

高压油系统有效性试验：在 *X–Y* 坐标系方向的推力瓦正上方镜板处架设轴向测量的百分表，开启高压油泵打油，读取并记录 A、B 油泵的油压峰值和稳定值，并记录百分表读数，检查推力瓦瓦面出油情况。

8. 推力头、镜板检查

推力头镜板解体。将推力头镜板从油槽中吊出，送到指定的工作场地，离地面大约 500 ～ 600mm 高。镜板下方用对称 4 只 50t 液压千斤顶，在其上垫上厚木板，盖上毛毡、白布，轻轻顶到镜面。拆下推力头与镜板连接螺栓，提升推力头数毫米，脱离镜板并吊出推力头，放置于指定位置，下端垫枕木平衡放置，取出圆柱销钉，做好记号。用专用吊具将镜板吊起，翻面，放在平板上找平，其水平度不得大于 0.02mm/m，镜面上涂透平油，用白布、毛毡覆盖。检查镜面，用高标号柴油或汽油洗干净，擦干后再使用无水乙醇清洗。使用放大镜检查其局部是否存在裂纹、气孔、锈斑、毛刺等，并详细记录。有毛刺、高点、划痕时用天然油石打磨，研磨应沿圆周方向进行，严禁径向研磨。必要时还需研磨镜板，研磨平板不应有毛刺和高点，并包上厚度不大于 3mm 的细毛毡，再外包工业用呢子布，二者分别包扎，清扫干净确认无误后，放置在镜板上。配制专用二氧化铬溶液，用呢子布人工研磨或用镜板研磨机顺时针研磨，直至镜板表面粗糙度为 *Ra*0.2。最后使用无水乙醇清洗镜面，用细绸布擦净，涂上猪油或透平油等进行保护。

4.7 制动系统检修

制动系统故障一般以制动器故障居多，而制动器故障大多数为串油、串气故障。在检修时，出现以下现象可大致判断为制动器串气、串油：制动器复归时制动腔压力升高，活塞无法下落，打开制动器制动腔排气阀一直有气排出；顶转子时从气腔排气管漏油或缸体底座周围有油溢出，顶转子油压保不住等。

制动系统检修前需先切断电源、气源，做好安全措施。制动器检修时，先拆除制动器与各油、气管路接头，再拆除制动器行程开关及其引线，最后拆除制动器地脚螺栓，使用手拉葫芦或升降车将制动器放至检修地面。拆除制动器闸板及托板，使用手拉葫芦吊出活塞，可使用铜棒敲击辅助。水布垭电厂制动器还需将制动器缸体与其底座分离，更换缸体与底座间密封。检查缸体内表面、活塞表面是否有锈蚀、磨损痕迹，对锈蚀及磨损部位用细油石及砂纸打磨处理，对油、气孔路进行疏通。处理完成后对缸体及活塞等其他部件进行清洗，并使用面团将活塞、缸体粘一遍。对密封圈进行更换，更换时应检查新密封圈尺寸规格正确，无缺陷、伤痕。回装时，在活塞及缸体上涂抹透平油，将活塞吊正后放入缸体，可用铜棒轻轻敲击活塞，装入时注意防止密封损伤。活塞回装到位后，使用气源接入制动、复归腔，反复动作三四次，活塞应动作灵活、无卡塞，检查制动器各活塞密封性，不应有串气现象。回装制动器闸板，回装前检查闸板磨损量，如果闸板均匀磨损量达到 10mm 以上或未达到 10mm 但四周有大块剥落，需更换闸板。回装完成后，对制动器进行严密性耐压试验。将制动器放至专用试压平台上，装好压板，调平。闸板与压板距离为 17 ～ 20mm。使用试压泵打入设计要求的压力，耐压 30min，压力下降不超过 3%。试压完毕后，将制动器吊装回支墩上，在支墩上调整水平，水平误差应在 ±0.5mm 范围内。回装各油、气连接管路，更换连接部位的管路密封，紧固制动器地脚螺栓，回装行程开关及电气引线。整体回装完毕后进行制动试验及顶转子试验，制动试验时通入 0.6MPa 压缩空气，制动器闸板上升，顶住制动环，撤出气压，活塞回复，反复动作多次，活塞无卡塞，管路无渗漏。进行顶转子试验：接通顶转子油泵，顶起转子约 15 ～ 20mm，保持油压 30min，检查各部无渗漏，油压无压降。

4.8 补气系统检修

机组补气通过主轴内补气管进行时，先拆除发电机顶部机罩，拆除前应先断开地线及机罩相关线路，使用桥式起重机将机罩吊至指定位置。拆除补气装置外管路管卡及紧固螺栓，拆除补气装置外管路法兰螺栓，拿出绝缘板，吊离外管路至指定位置。拆除补气装置排水管连接螺栓。拆除补气润滑水管路螺栓。拆除补气室顶盖螺栓，吊走补气室顶盖，并清扫密封槽。拆除补气管连接螺栓，拔出补气管定位销钉。拆除补气室底座螺栓，起吊补气室放至指定位置。打开电刷架固定螺栓锁片，拆除电刷架固定螺栓，拆除励磁引线及上导油槽传感器线路，起吊电刷架放于指定位置。拆除补气管上段管与集电环连接螺栓，清除中心体内补气管连接处密封胶，并在接缝处喷除锈剂，起吊补气管上段放于指定位置。对补气装置各结合面进行打磨处理，更换各法兰面密封。检修完成后，按拆卸逆步骤进行回装。

机组补气通过补气阀装置进行。检修时，拆除补气阀的固定螺栓，将补气阀吊出放置于指定位置，用手用力按活塞杆至补气阀打开的位置，松开活塞杆，观察活塞杆往复运动的速度，若缓缓上升，则补气阀缓冲腔油量充足；若快速复位至关闭状态，则补气阀缓冲腔少油，需注油或者解体进行密封更换，重新注油。

4.9 空气冷却器及附属部件检修

空气冷却器拆前先检查其运行情况。检修时先关闭空气冷却器进排水阀门，排出冷却器内的余压、残水。拆除进排水阀门与空气冷却器连接螺栓，断开空气冷却器与进排水阀门。拆除位于空气冷却器上的测温探头。使用桥式起重机及吊带挂住空气冷却器，拆除空气冷却器与定子机座的连接螺栓，起吊空气冷却器至指定位置后，放置在已做好铺垫的枕木上。分解冷却器上下端盖，对各铜管进行冲洗和疏通，若管内杂质难以冲掉，应用铁丝缠布在铜管内来回擦拭，除去杂质。对端面杂质进行清理，并更换制作端盖密封，对散热片使用金属喷枪配合清洗剂进行冲洗，清洗完成后回装上下端盖，使用试压工具对单个空气冷却器进行耐压试验，耐压强度按设计要求的试验压力进行，耐压 60min 无渗漏，在无设计要求时，试验压力为工作压力的 1.5 倍，不低于 0.4MPa，耐压 60min 无渗漏现象。发现出现压降现象，在有压状态下对冷却器进行检查，若漏点出现在端盖密封处，则重新紧固端盖螺栓，直至漏点消失。若漏点为铜管破裂导致，则用尼龙棒将破裂铜管的两头堵住；若漏点出现在铜管接头处，则用螺栓堵住该铜管两端并将其焊死，堵塞铜管数量不超过总数的 10%，否则更换冷却器。处理完成后，需重新进行耐压试验，至合格为止。试验合格后，使用桥式起重机将空气冷却器吊回装复，回装时，应注意检查冷却器后的定子机座内应无遗留物。各法兰面应清扫干净，更换新密封垫，紧固法兰连接螺栓时，应对称紧固。

4.10 发电机总装

1. 发电机总装的条件

（1）水轮机的主要大件均已吊入回装。

（2）混流式机组水轮机转轮下环已垫 8 块铁板，厚度 18 ～ 20mm，转轮中心已找正，法兰水平小于 0.01mm/m，中心误差小于 0.05mm/m。

（3）轴流转桨式水轮机座环中心方位小于 2 mm；座环水平周向不超过 0.05 mm，

径向最大不超过 0.60 mm；座环圆度（含同轴度）小于 1.5 mm。

（4）下机架吊装前，推力、下导轴承主要部件均已回装，机坑清扫干净、无杂物。

2. 下机架吊装及初步调整

（1）下机架吊装，吊装前清扫机坑，确保干净、无杂物。

选用合适尺寸的吊具，穿入钢丝绳，调节长度，调水平。钢丝绳受力后，起吊高度 200 mm，刹车停止。再次检查，确认无误后，起吊约 2000 mm，大车行至机坑中心。粗调中心下落，尽快进入法兰位置，约 200 mm，停下，精调中心，慢速间断下落，准确进入法兰位，专人对准下机架基础螺栓，此时用气吹扫结合面，到位后，松钢丝绳，带螺母。

（2）下机架水平调整。

①在下机架推力支撑环基准面上 *X–Y* 坐标系方向对称设 8 点，做上标记。

②用光学合像水平仪测 8 点读数并做记录。下机架水平测量如图 4–1 所示。

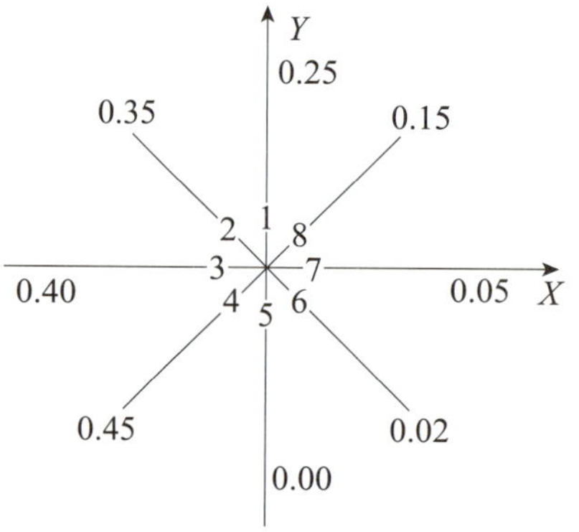

图 4–1　下机架水平测量示意图（单位：mm）

③计算水平误差，确定调整数值和方向。

从表 4–1 中可见水平误差较大值在 3–7 点，且 3 点高、7 点低。结合高程来调整，可在 1 点加垫 0.25mm，2 点加垫 0.35mm。然后进行地位测量计算，反复调整，达到水平度误差小于 0.10mm 为合格。

表 4–1　水平调整计算表

位置	1–5	2–6	3–7	4–8
水平误差（mm/m）	0.25	0.33	0.35	0.30

④调整方法：先调一个方向的水平（如 *X* 方向），再调另一个方向的水平（如 *Y* 方向），两者结合起来调整，并且调整过程互有影响。调整时在基础结合面间加垫，要有足够的接触面积。在 *X–Y* 坐标系方向下机架支腿上放液压千斤顶，调高低，使紫铜片顺利插入。调整合格后，打紧基础螺栓。

（3）下机架中心调整。

下机架调整前，主轴法兰中心已调试完毕，符合质量标准。下机架中心调整依据：有的电厂机组为大轴法兰与推力油槽挡油管的间隙值；有的电厂机组为下机架与机组基准中心的同心度不大于 0.50mm。大轴法兰固定不动，可调节下机架。测量计算调整数值，确定调整大小、方向。下机架中心调整如图 4–2 所示。

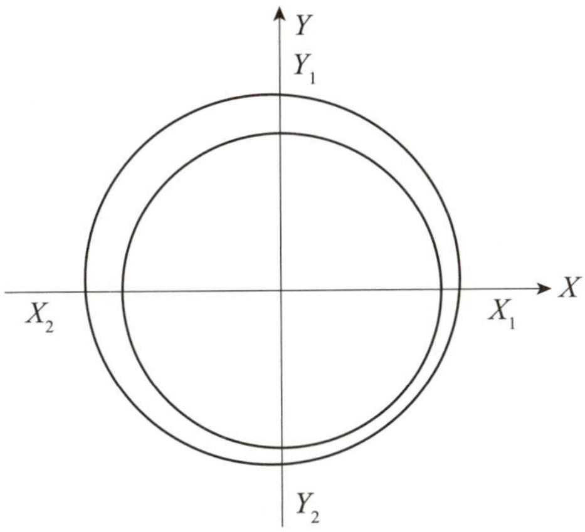

图 4–2 下机架中心调整示意图

注：外圈为下机架下导挡油管，内圈为发电机主轴法兰，X_1、X_2、Y_1、Y_2 为外圈与内圈各方向间隙值。

$\delta_X = X_1 - X_2$

$\delta_Y = Y_1 - Y_2$

调整数值大小：$\delta_X/2$，$\delta_Y/2$。

调整数值方向：δ_X、δ_Y 为正时，将下机架往 $-X$、$-Y$ 方向调；反之，方向相反。

调整方法：将四台 50t 液压千斤顶放在下机架支腿基础部位，水平放置，垫上枕木，调节液压顶长度，X、Y 方向应相互配合调节，反复多次，满足要求。下机架下导挡油管与大轴法兰设计平均间隙误差应小于 0.25mm。下机架调中心时需与下机架调水平综合调整。调整结束，紧固地脚螺栓，紧固时在水平面径向方向设 X–Y 坐标系方向四块表监视。

轴流转桨式机组按水轮机止漏环或水轮机轴调整下机架中心，下机架水平偏差应小于或等于 0.10mm/m，中心偏差小于或等于 0.20mm/m。调整好机架中心水平后，将基础后板地脚螺栓及螺母紧固点焊。

3. 推力头吊装

混流式机组推力头回装前，需先将推力头与镜板组装好，且推力轴承已回装完毕。将镜板、推力头组合面清扫干净，镜板翻面，镜面朝下，垫木板、毛毡、白布，调整水平。镜板上插入圆柱销钉，将推力头吊装到镜板上方，调整好推力头与镜板之间位置，对准圆柱销缓慢降下推力头，注意下落过程中不得损坏圆柱销，同时注意保护所有精加工面。当推力头降至镜板上时，装入螺栓紧固。在推力头上端安放圆柱销，安装 8mm 橡胶条，调整好橡胶条长度后配剪橡胶条，用 406 胶水将橡胶条粘接成圆。在镜板和推力瓦上涂上透平油，推力头镜板吊入就位。吊入时，需找正中心，同时避免碰撞。轴流转桨推力为弹性油箱式机组推力头吊装前，先吊装镜板放置于推力瓦上，在镜板和推力瓦上涂上透平油。通过呈三角形分布的支柱螺钉调整镜板的高程和水平。保证镜板水平应在 0.02 mm/m 以内，将其余的支柱螺钉升起来，保证镜板的水平和高程不变。吊入清扫后的推力头，连接镜板与推力头，装入销钉，对称均匀紧固螺栓，用 0.02 mm 塞尺检查镜板与推力头之间结合面不应通过。

4. 发电机转子回装

（1）吊入转子前应具备的条件：

①转子吊入前，将影响吊入工作的水轮机、发电机各部件全部吊装就位，并基本安装就绪。

② 制动器安装完毕，水平高差在 ±0.5mm 范围内。顶起风闸，高度保证转子比运行位置高 15 ～ 20 mm，锁定制动器。主轴法兰面间隙 14mm（主轴法兰上止口 12mm）。

③推力头与镜板连接完毕，找平落在推力瓦上。

④主轴联轴法兰与螺孔、止口、组合面、键槽及孔等清扫检修完毕。

⑤定子已检修合格并清扫完毕。

⑥平衡梁吊具及桥式起重机检查完好。

⑦大轴法兰水平调至 0.10mm/m。

⑧设有高压油顶起装置的应具备投入条件。

（2）转子吊入主要步骤如下：

①转子吊入与吊出步骤相反。转子试吊，起升转子约 10mm 后停止，检查桥式起重机、平衡梁与转子吊具的连接以及吊具与转子的连接是否可靠，确保无误后继续起升。在提升高度约 200mm 时停止上升，并在 10 ～ 200mm 之间反复升降三次，确认桥式起重机工作正常。

②由人力缓慢拖动转子旋转进行转子转向对位，其方位大致与主轴键方位相符。

③将转子吊起至高度约 2m（能通过栏杆等障碍物），移至机组段机坑上方，下降至 200mm 左右时，调整方位，校正中心和水平，使转子中心体与大轴中心偏差小于 0.5mm，然后缓慢下落，沿定子圆周每隔两个磁极设一专人将木板插入磁极和定子间的空气间隙中，并不断抽动，四周木条应能上下窜动。当发现卡住现象时，应立即报告指挥人员，停止吊入转子，待找正中心后再行吊入。将转子下落至离风闸 50mm 高时，派专人监视主轴法兰面和风闸闸板面。此时测量法兰面间隙与闸板面间隙，两者之差不应小于 14mm。下落过程中，对准两法兰的组合记号，调整中心错位。

④转子落至距大轴法兰 100mm 时，桥式起重机主起升制动，用木板条包上绢布将两组合面清扫一遍（注意头、手等身体部位不能伸入），同时用钢板尺对称测量四个方向垂直距离及法兰错牙，对转子中心水平及方位再进行一次调整。

⑤当转子止动环距制动器 10mm 左右时，进行转子中心体与主轴法兰对孔。对称穿上 2 ～ 4 个螺栓后，将转子落在制动器上。检查转子的中心及水平。

⑥转子落下后，对组合面四周间隙及错牙进行一次测量，确认无误后，拆除吊具。

⑦转子装复应符合要求，转子应按水轮机找正，并充分考虑定子实际中心误差，联轴法兰中心偏差应小于 0.04mm/m，法兰间不平行值应小于 0.02mm，若定子中心已按水轮机固定部分找正，转子吊入后按空气间隙调整转子中心。当转子位于机组中心时，检查定子与转子间上、下端空气间隙，被测间隙值与平均间隙值之差在平均间隙值的 ± 8% 范围内。

（3）主轴连接。

①联轴前，转子未吊入时法兰结合面应进行清扫、除锈打磨（用砂布或细油石），检查螺孔，对有毛刺部位进行打磨处理。转子吊入后，在联轴前用气源进行一次清扫，再用钢板尺缠沾上无水乙醇的白布进行清洗。清洗完后检查应干净，无杂物。检查联轴螺栓的螺纹，对损坏严重部位应在车床上加工，除锈打磨、车丝，不严重时可手工抛光处理。

②机组联轴时，主轴上法兰孔与转子中心体联轴螺孔对准后，从下风洞穿入联轴螺栓，旋入螺母。用联轴螺栓和螺母提升主轴，直至主轴与转子中心体完全接触。注意不要损伤键装配和止口。用塞尺检查主轴与转子中心体之间应无间隙。利用液压拉伸器进行联轴螺栓的拉伸，测量此时联轴螺栓的长度数据，做好记录。拉伸对称四个方向的螺杆并紧固螺母，按 90° 方向对称拉伸其余的螺杆并紧固螺母，测量拉伸后的螺柱长度，做好记录。

（4）推力头与转子连接。

启动高压油顶起装置，使推力瓦与镜板间产生油膜，缓慢转动推力头，在推力头与转子之间的销钉旋转至转子销钉孔正下方且推力头外圆与转子中心体下法兰面外圆无错牙后，关闭高压油系统，插入销钉，穿上连接螺栓，用转子与推力头的连接螺栓将推力头和镜板提起并进行连接。制动器复归，将转子落放在推力瓦上。检查测量推力头、转子结合面的间隙，用 0.03mm 塞尺检查不应通过，推力头与转子和大轴的同心度应符合制造厂要求，带轴颈的推力头中心偏差不应超过 0.03mm。合格后对打紧的销钉安装销钉锁板。

（5）上端轴吊装。

上端轴吊装前，先对转子中心体上法兰面和上端轴下法兰面进行清扫。对于轴流转桨式机组，转子引线已装入，受油器内、外操作油管、挡油管已清扫，具备回装条件。按照内管安装、外管安装、上端轴挡油管安装的顺序进行回装，确定已安装完成后，在上端轴上安装吊具，使用桥式起重机吊入上端轴，吊入时必须找正后方能垂直起吊，避免与挡油管发生碰撞。吊入机坑，找正与转子上平面连接处，穿入联轴螺栓，利用液压拉伸器拉紧螺栓。检查结合面，应无间隙。安装时调整内、外油管和上端轴及挡油圈的同心度和水平。对于混流式机组，安装上端轴吊具，将上端轴吊入机坑并与转子中心体上法兰面进行连接，注意上端轴的方位应符合图纸要求，吊装过程中不要损伤上端轴和转子中心体的止口。安装联轴螺栓和螺母。利用液压拉伸器进行联轴螺栓的拉伸，测量此时联轴螺栓的长度数据。拉伸对称四个方向的螺柱并紧固螺母。按 90° 方向对称拉伸其余的螺柱并紧固螺母。

（6）上机架吊装。

①将上机架吊入机坑，缓慢落于垂直支撑上。

②检查调整上机架中心，同心度允许误差为 1.5 mm。以机架上导轴承支撑块与顶轴间距离为中心调整基准。用内径千分尺对称四点测量数值，计算并确定调整方向，调整方法与下机架调中心相同。

③回装上机架支腿基础楔块、压板，对称紧固连接螺栓，用两只百分表监视测量回装时的偏移，误差在 ±0.1 mm 范围内。打入与定子机座连接销钉，紧固螺栓。

④吊装上导轴承支持架（瓦架），打入定位销钉，调整承重螺栓使其退出一部分，不妨碍瓦的吊入。

⑤上导瓦吊入就位，轴颈及瓦面涂 46 号透平油。

⑥挡油管及托油盘、冷却器回装。安装油槽底部环形固定环，更换圆形耐油橡皮条，提升。提升时用四只导杆的专用升降工具，使其均匀上升，结合面接触时，穿入螺栓，对称紧固螺栓，拆下专用升降工具。

⑦挡油管中心测量调整。测量时以上端轴外圆和挡油管内侧间隙为测量调整依据。调整后，挡油管外圆应与机组同心，中心偏差在 ±5mm 范围内，调整好后紧固螺栓。用 0.02 mm 塞尺检查连接面，塞尺应无法通过。

⑧回装其余部件及油、气、水管路。

4.11 轴线调整

机组轴线的测量主要是通过机组盘车的方法来实现。通过盘车测出轴线在几个重要部位的摆度情况，分析摆度产生的原因、大小和方向，来判断轴线质量是否合格，为机组轴线处理和调整提供依据，将机组实际轴线控制在允许的范围以内。对机组轴线的质量要求，标准规定了不同部位机组轴线的允许摆度值，见表 4-2。

表 4-2　水轮发电机组轴线允许摆度值

轴的名称	测量部位	摆度类型	轴转速 n（r/min）				
			$n<150$	$150\leqslant n<250$	$300\leqslant n<500$	$500\leqslant n<750$	$n>750$
发电机轴	上、下导轴承处轴颈及法兰	相对摆度（mm/m）	0.03	0.03	0.02	0.02	0.02
水轮机轴	导轴承处轴颈	相对摆度（mm/m）	0.05	0.05	0.04	0.04	0.02
大电机轴	集电环	相对摆度（mm/m）	0.50	0.40	0.30	0.30	0.10

注：在任何情况下，水轮机导轴承处的绝对摆度不应超过以下值：

1. 转速在 250r/min 以下的机组为 0.35mm；
2. 转速在 250 ～ 600r/min 的机组为 0.25mm；
3. 转速在 600r/min 及以上的机组为 0.2mm。

1. 混流式机组盘车调整

（1）推力轴承高压油顶起系统可投入使用。检查各制动器的闸板与转子下部的止动环已全部离开。检查各转动部件与固定部件之间有足够间隙且无杂物。水导轴承不回装，主轴密封、检修密封不回装。

（2）机组中心已初步调整，转动部分的中心调整是以水轮机转轮上、下迷宫环数值作为调整依据，利用下导瓦调整，调整时投入高压油顶起装置，先松开对称侧的支承螺栓，留出足够间隙后，通过顶轴进行调整，调整时架百分表进行监视。调整完成后，在下导轴承处，按照 $+X$、$+Y$、$-X$、$-Y$ 方位抱紧 4 块下导瓦，单边抱瓦间隙 0.02 ～ 0.05mm。

（3）上导轴承、下导轴承、定子线棒、水导轴承、蜗壳处 $+X$、$+Y$、$-X$、$-Y$ 方位已标记。各部轴颈、转子上平面以 $+Y$ 方向处为 1 号点，逆时针用记号笔每 45° 标出均匀分布的 8 个点。在上导轴承、下导轴承、水导轴承处的 $+X$、$+Y$ 方位架设百分表，并调零。

（4）准备就绪后，投入推力轴承高压油顶转子装置，人力推动使转子顺时针转动。每转动一个标点，即转子旋转 45°，各部记录百分表读数，盘车 2 ～ 3 圈。选取最佳一组数据，计算出最大摆度及其方位。

（5）摆度测量计算。

镜板处偏斜值公式：

$$\delta=(D/L)(J/2) \tag{4-1}$$

式中：D 为推力头镜板直径；L 为测量到镜板的距离；J 为该处净摆度。

根据公式算出最大倾斜值及已知的最大摆度方位，对法兰面、推力头镜板结合面使用加垫或刮削方法进行处理。处理完后，再经盘车检查，应达到规定要求。

（6）盘车检查合格后，精调机组轴线（方法同调中心），找出理想的机组轴线，使迷宫环间隙均匀，尽量减少到最小误差。中心调完后，用表监视中心，将水导瓦上、下对称四方向用瓦抱紧，固定转轮。

2. 轴流转桨式机组盘车调整

（1）调整转子中心。测量定子与转子空气间隙、5 个叶片与转轮室间隙、上导瓦架与轴领的距离、水导瓦架与轴领的距离，根据测得的数据确定调整量。调整时，分别在上导和水导处采用偏抱瓦的方法推动主轴，推动量用百分表监测，然后利用电动盘车装置转动转子，使机组主轴移到新位置。主轴转动一圈后，测量一次空气间隙、叶片与转轮室间隙、上导瓦架和水导瓦架与轴领的距离。检查主轴位移情况。依此工序重复调整，直到机组主轴处在最佳的中心位置。

（2）对称均匀抱 4 块瓦（瓦上涂透平油），轴瓦间隙调整至 0.03 ～ 0.05 mm，主轴密封的检修密封已回装，其他部件不安装。受油器内、外管已安装，集电环已安装，对称抱紧上导轴瓦 4 块（瓦上涂透平油），轴瓦间隙 0.03 ～ 0.05 mm。

（3）检查转动部件与固定部件，应有足够的间隙，其间隙中不应有杂物卡塞，顶转子油泵投入，顶起转子 10 ～ 15 mm，抽出推力瓦，在瓦面涂盘车油，推进推力瓦复位，然后落下转子，制动器复归，检查闸板与转子制动环之间有足够间隙。

（4）在受油器内、外操作油管、上端轴与转子连接法兰面、上导轴领、水导轴领、推力头、镜板等处的 $+X$、$+Y$ 方向对称加设百分表，加设的百分表测头应与被测表面垂直，将表调零，在推力头镜板上应加设水平仪。在测量部位，以 $+Y$ 方向处为 1 号点，逆时针用记号笔每 45° 标出均匀分布的 8 个点。

（5）准备就绪后，启动电动盘车装置，使转子顺时针转动。每转动一个标点，即转子旋转 45°，各部记录百分表读数，盘车 2 ～ 3 圈。盘车过程中当转子停在 1、3、5、7 点时，测量定子与转子空气间隙，每个磁极都必须测量，测量桨叶叶片与转轮室间隙，测量时叶片前端、中端、后端都必须测量。选取最佳一组数据，计算出最大摆度及其方位，再通过倾斜值公式计算出需要加垫或刮削的厚度，对法兰面、推力头镜板结合面使用加垫或刮削方法进行处理。处理完后，再经盘车检查，达到规定要求。

3. 导轴瓦间隙调整

通过盘车确定了各导轴承处的摆度值后，需按摆度值来分配调整。导轴瓦间隙调整时，计算间隙值应等于导轴承设计单边间隙值减去主轴在该点净摆度的一半，见表 4–3 和图 4–3。

表 4–3　导轴承处净摆度

相对点	1–5	2–6	3–7	4–8
净摆度（mm）	0.04	0.10	0.02	−0.04

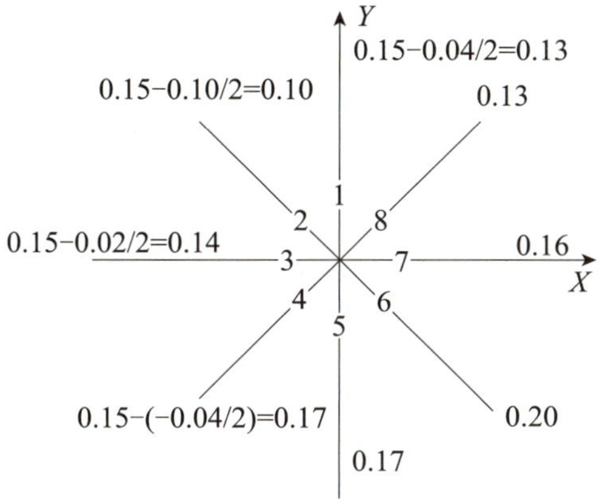

图 4–3　导轴瓦间隙调整计算示意图（单位：mm）

根据计算数值调整对称 4 块瓦后，再换算其他每块瓦的间隙值，顺次调整，最后调整抱轴的 4 块瓦。

第 5 章 发电机机械试验项目

5.1 冷却器耐压试验

空气冷却器及油冷却器一般由多根冷却铜管、端部承管板、密封橡胶皮和水箱盖等零部件组成。冷却器经过多年的运行及检修清洗后必须进行水压试验，以检查冷却器的质量。

单个冷却器应按设计要求的试验压力进行强度耐压试验，设计无规定时，试验水压力一般为工作压力的 1.5 倍，但不低于 0.4MPa，保持压力 60min 无渗漏现象。

试验过程中若出现压降现象，在有压状态下对冷却器进行检查，若有渗漏当查找原因。如果漏点出现在端盖密封处或者法兰连接处，则紧固端盖螺栓和法兰连接螺栓，直至漏点消失，重新进行试验至压力不再下降。若漏点出现在胀管处或者铜管破裂处，需重新分解冷却器。如铜管本身出现泄漏，可把冷却器铜管一头用尼龙棒堵住，用试压工具在铜管的另一头打入压力，观察压力是否变化，逐一对铜管进行耐压试验，找出出现压降的铜管；若漏点为铜管破裂处，则使用尼龙棒将存在漏点的铜管两端堵死；若漏点为铜管接头处，用螺栓堵住该铜管两端并将其焊死，堵塞铜管数量不超过总数的 10%，否则更换冷却器。处理完成后，需重新进行耐压试验，至合格为止。

回装后，要对冷却器及其连接件进行整体的严密性耐压试验，试验压力为 1.25 倍工作压力，保持 30min，无渗漏现象；冷却系统严密性试验，试验压力为工作压力，保持压力 8h，无渗漏现象。

无具体试压要求的冷却器一律按照 DL/T 817—2014《立式水轮发电机检修技术规程》进行耐压试验。

5.2 高压油顶起装置试验

大型混流式机组都有高压油顶起装置，试验的流程基本相同。轴流转桨式电站无高压油顶起装置。

高压油系统有效性试验：在 *X*–*Y* 坐标系方向的推力瓦正上方镜板处架设轴向测量的百分表并调零；读表人员就位后，由运行操作人员开启高压油泵打油，读取并记录A、B 油泵的油压峰值和稳定值，并记录百分表读数，检查推力瓦瓦面出油情况。若发现某个方位或个别瓦面有不出油的现象，需进行仔细检查，待处理堵塞或泄漏后，重新试验，直至合格。

对于大型混流式机组，检修中高压油顶起装置的透平油来源于事先准备好的油桶。试验峰值压力 17 ～ 20MPa，工作压力为 5 ～ 6MPa，检查油泵及管路无渗漏。A、B 泵反复试验 2 ～ 3 次，并记录各表读数。油膜厚度值 0.07 ～ 0.12mm。

5.3 制动装置起落试验

机组整体回装完毕后进行制动试验及顶转子试验，制动试验时通入 0.8MPa 压缩空气，制动器闸板上升，顶住制动环，撤出气压，活塞回复，反复动作多次，活塞无卡塞，管路无渗漏。

开机前顶转子试验：接通顶转子油泵，顶起转子，保持油压 30min，检查各部无渗漏，油压无压降。顶转子完毕后，用气吹扫风闸，吹出管路中的余油，应反复吹扫多次，以防电磁阀发卡。

5.4 制动装置耐压试验

单个制动器解体检修回装完成后，应对制动器进行严密性耐压试验。将制动器放至专用试压平台上，装好压板，调平。闸板与压板距离为 17 ～ 20mm。使用试压泵打入设计要求的压力，耐压 30min，压力下降不超过 3%。试压完毕后，将制动器吊装回支墩上，在支墩上调整水平，水平误差应在 ±0.5mm 范围内，然后紧固地脚螺栓。回装各油、气连接管路，更换连接部位的管路密封。回装行程开关及电气引线。整体回装完毕后进行制动试验及顶转子试验，制动试验时通入 0.8MPa 压缩空气，制动器闸板上升，顶住制动环，撤出气压，活塞回复，反复动作多次，活塞无卡塞，管路无渗漏。

第 6 章 发电机机械部分技改案例

6.1 水布垭电厂 2 号机组推力瓦位移处理

在 2017 年 11 月水布垭电厂 2 号机 B 级检修中，发现推力瓦靠近挡油管侧挡块松动、变形，推力瓦出现径向位移且与两侧限位块卡死现象，推力瓦运行半径减小可能会改变瓦面的载荷分布，而推力瓦与两侧的限位块卡死，不仅影响抽瓦，也会在运行过程中限制推力瓦的轴向运动，从而使推力瓦底部的小弹簧失去受力自调节作用。

推力瓦作为水轮发电机组的重要部件，承受整个转动部件的重量和轴向拉力，在运行过程中通过与镜板形成油膜，从而减小摩擦力，在瓦面底部小弹簧的自调节作用下，实现每块瓦的均匀受力，因此推力瓦应该存在轴向的自由度，但是在径向上，应该给予限制，防止因推力瓦位移造成推力瓦运行半径减小，进而影响瓦面载荷分布。推力瓦安装结构如图 6-1 所示。

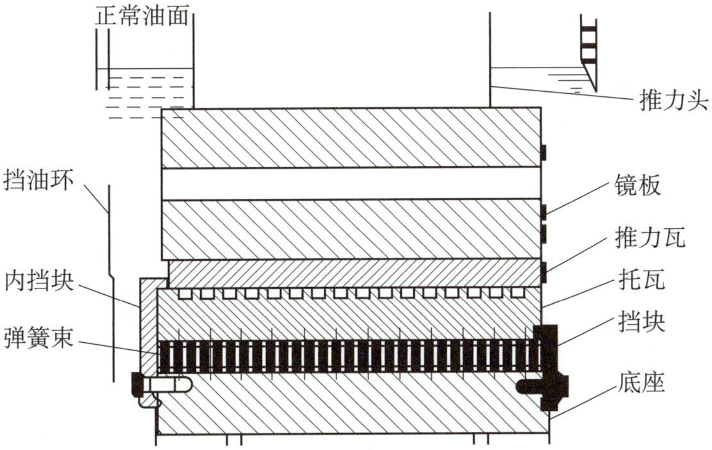

图 6-1　推力瓦安装结构示意图

原因分析：

根据某机组的实际情况，查阅行业内相关论文，综合分析，认为导致推力瓦发生径向位移的原因主要有以下几点：

（1）瓦架加工不精确。回装中发现，在安装托瓦和面瓦时，当托瓦与推力瓦架平齐时，一部分推力瓦与间隔块的间隙小于 2mm。故在安装过程中，存在间隙小于设计间隙的情况。

（2）挡块强度不够。挡块尺寸为 25mm×45mm×10mm，采用 Q235 材料，用一个 M16×60 的螺栓固定。机组启停过程中，内侧挡板受到较大冲击力，挡块和螺栓长期承受分力，螺栓存在松动，挡块存在变形，这是推力瓦径向位移的本质原因。

（3）由于镜板的热胀冷缩，在镜板收缩时候，通过摩擦力将推力瓦往大轴方向拉扯，使推力瓦发生径向位移。

$$\sigma=\alpha LT \tag{6-1}$$

式中：σ 为膨胀量；α 为膨胀系数，水布垭镜板为 45 号钢，20 ～ 100℃内膨胀系数为 11.59×10^{-6}/℃；L 是原长度，根据镜板尺寸，计算为 600mm；T 为变化温度，根据推力瓦温，估算为 20℃。则：

$$\sigma=11.59\times10^{-6}/℃\ \times600\ \text{mm}\times20℃=1.39\ \text{mm} \tag{6-2}$$

镜板每次热胀冷缩的膨胀量为 1.39mm，通过摩擦力，带动推力瓦发生微小位移，经过时间累积，推力瓦径向产生明显位移。

（4）在水布垭电站常规 C 级检修时经常抽瓦检查，回装推力瓦时，推力瓦与挡块产生碰撞，会使内挡块变形，同时也会带动托瓦往大轴方向移动。

采取的措施：

针对推力瓦径向位移的原因，班组进行讨论，并与东方电机厂沟通协商，主要有两种解决方案：第一种方案是对变形的内挡块进行更换，在一般 C 级检修中，时间不足以进行检查更换，另外，挡块强度不够变形问题没有得到解决，在将来还会发生；第二种方案是对挡块进行改造，利用推力瓦外侧的现有螺纹孔，加工出强度更高，可以限制推力瓦径向位移的挡块。对比后，班组决定采取第二种方案。

新挡块有几个特点：

①两侧挡块加大，从而加大了强度。

②两侧挡块限制托瓦径向移动，往大轴方向和往外方向均受到束缚。

③新挡块上面的螺纹孔加工成椭圆孔，保证了推力瓦轴向和圆周方向的自由度，推力瓦自调节作用不受影响，有利于油膜的形成。

④推力瓦上部螺栓平垫改造成斜垫，将窄的一端安装在上部，给推力瓦预留了一点径向活动量，具体改造如图 6–2 和图 6–3 所示。

在安装工艺上，班组根据经验，提出了几点注意事项：

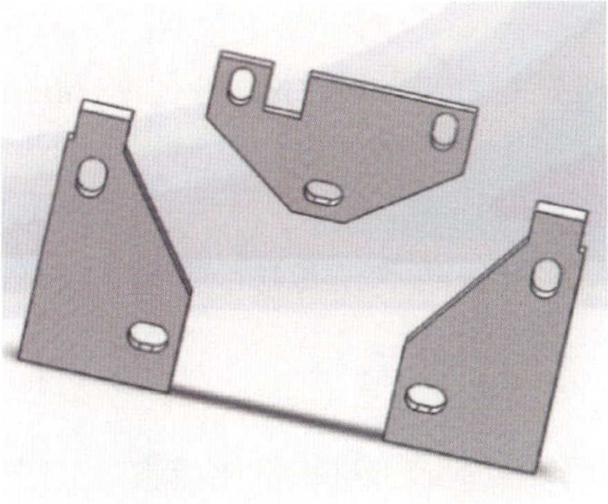

图 6-2　推力瓦挡块示意图

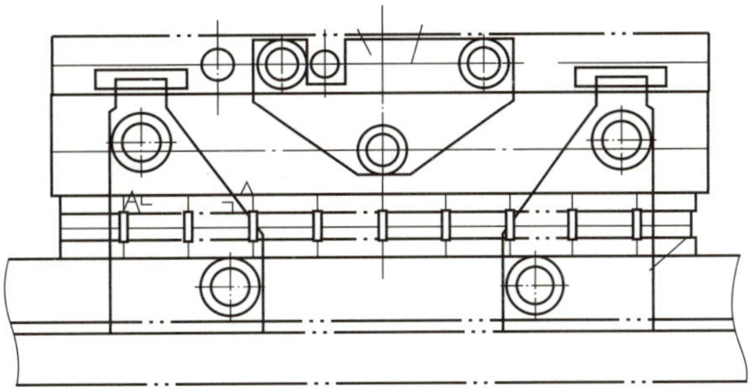

图 6-3　推力瓦挡块安装示意图

①推力瓦安装时，保证间隙大于 2mm。

②挡块紧固件需要涂螺纹紧固剂，防止松动。

③限位螺栓调整到位后，用紧固帽对其限位。

目前已对水布垭 1、2、3 号机组进行改造，两年来，在后续 C 级检修中对推力瓦进行检查，推力瓦与间隔块之间间隙均大于 1.5mm，用小撬棍可以上下撬动，活动灵活，无卡死现象，本次改造取得了成功。

6.2　水布垭电厂机组下风洞管道落地改造

改造前状况：

水布垭电厂 1、2 号机组风洞的推力冷却器进排水管以及 1 ～ 4 号机组下导油槽进排水管和进排油管距离地面有 0.5m 左右，严重影响了检修和维护人员工作效率，威胁到电厂工作人员的安全。综合以上原因，水布垭电厂编写改造方案，要求检修对管道进行落地改造。

改造经过：

根据实际情况，对原有改造方案进行了四个方面的优化：

（1）推力冷却器的出水管截止阀往冷却器方向移动了 0.5m 左右，并且把阀门顺时针旋转了 45° 以错开与进水管阀门的距离，这样可以有效地节约空间而且还解决了两个阀门拥挤问题。

（2）推力冷却器进地竖向管道由弯头圆弧连接焊接改成了直接直角焊接。由于地上开槽只能开 150mm 的深度，若是弯头圆弧连接焊接（高度大于 200mm），直管道就不能贴地，而直接直角焊接就可以很好地解决上述问题。

（3）推力冷却器进地竖向管道焊接加了一个单法兰。电厂买的钢材外径（114mm）大于原来管道的外径（106mm），并且管壁的厚度大于原来管道的厚度，加一个单法兰便于焊接。

（4）下导油槽进排水管和进排油管靠油槽侧的新法兰加在弯头焊接的下面，这样可以控制连接两个弯头所需直管的长度和位置，便于配管焊接。

改造结果：

根据现场施工实际情况，在水布垭电厂制定的原方案基础上进行优化后施工，很好地在符合实际的情况下使管道最大地埋入地下，并且缩短了工期，保证了检修质量；通过方案优化，所有管道基本埋入地下，增加了风洞内的空间。

6.3 水布垭电厂 4 号机组下导轴承摆度超标处理

水布垭电厂 4 号机组自 2008 年启动试运行稳定性试验，下导摆度最大值为 263μm；2009 年 4 号机组下导摆度明显增加，最大值 550μm，通过跟踪监视，摆度未继续上升，下导瓦温正常；2010 年 9 月 4 号机组 B 级检修期间，调整了机组轴线，抽出了安装所有的加垫，重新加垫调整，对导轴承瓦间隙进行了重新分配，检修后下导摆度偏高得到明显改善，最大值为 300μm；2012 年 10 月 C 级检修，其间进行了下导瓦全部抽出并处理瓦面与轴领划痕，此后 4 号机组运行时下导摆度明显增加，有功功率为 299MW 时下导摆度 X 向 530μm，经检查下导瓦支撑螺栓均紧固，无松动。此后下导摆度稳定，未继续增大，但参照国标 530μm 已达危险值，需要在 2013 年 9 月 4 号机组 C 级检修中进行处理。

原因分析：

通过 4 号机组上导、下导及水导历年摆度数据对比分析发现，机组在 2012 年 10 月 C 级检修前运行稳定，经过 C 级检修处理下导瓦及轴领后下导摆度增大，而上导及水导摆度无增大趋势，说明机组轴线偏折无变化，轴线在各部导轴承处的最大摆度值及最大摆度方位基本相同。且机组大修后机组回装中心基本相同，机组各固定件、转动件的销钉、连接螺栓、焊缝均完好。

采取的措施：

在 C 级检修中，不经过盘车，通过测量固定件与转动件之间的间隙，来确定机组中心，并参考上次大修中主轴在各导轴承处的轴位，并以上次大修的回装瓦间隙作为本次导轴瓦分配的间隙。并考虑到此次 C 级检修中，各部轴承冷却器试压工作量大，盘车会增大工作量，工期时间紧张，在不盘车情况下可以解决下导摆度大问题，这样既节约了工期、人力，还提高了工作效率。

主要技术要求：

（1）将机组推至 1 号磁极正对 +*X* 方向。

（2）测量水轮机上迷宫环间隙（分 8 个方位），计算间隙值在 *X*、*Y* 方向的偏差值，然后依据计算的偏差值在下导轴承处推轴，对主轴中心进行调整，直到各方向的偏差不大于 20% 的间隙平均值。

（3）测量导轴承处的各轴位值，并与上次大修轴位进行对比，偏差值不大于 10%。

（4）将 2010 年大修中瓦间隙分配作为本次分配的间隙值，对导瓦进行间隙调整。

（5）记录开机及运行时各导轴承温度及摆度。

开机运行后，机组各部摆度、瓦温均良好，机组运行无异常。

6.4 隔河岩电厂 1 号机组大轴补气管改造

隔河岩电厂 1 号机组大轴补气上段管与中段管为承插连接，该补气装置曾在 2000 年 B 级检修中进行过改造，由于现有上段管密封槽尺寸加工不合理，选用密封条尺寸无法起到密封作用，有漏水隐患，因承插接头在大轴中心体内，漏水后会直接影响到引线绝缘。而且，目前使用的管路承插接口处容易生锈，锈蚀使得承插接头与插口之间的摩擦力剧增，增加拆卸难度。

改造经过：

根据现有问题，建议依然采用承插连接，但将现有插口与承插接头更换为机组原装的插口与承插接头。首先拆除补气装置相关设备并清扫，然后根据工作现场测量的尺寸，制作焊接部件 1 与部件 2，在现场装配焊接部件 1 与部件 2，预装完成后再进行正式安装。在 2013 年 3 月隔河岩 1 号机组 B 级检修中完成相关工作。补气管改造施工图如图 6–4 所示。

改造结果：

改造完成后，上段管与中段管连接密封更为可靠，解决了原有的大轴补气管漏水隐患，同时更换后的插口与承插接头拆卸简单，大大降低检修工作难度；改造结束后提高了工作效率，原来拆卸补气管需要 1 ～ 2 天，现在仅需要 30min，同时消除了补气管漏水的重大安全隐患，为机组稳定运行提供保障。补气管改造后效果图如图 6–5 所示。

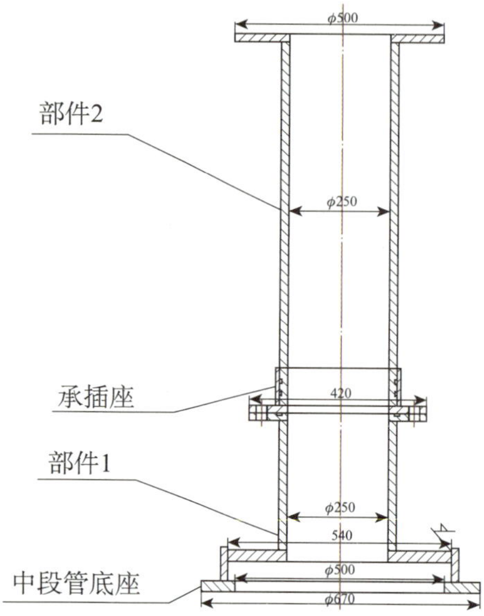

图 6-4　补气管改造施工图（单位：mm）

图 6-5　补气管改造后效果图

参考文献

Reference

[1] 于兰阶．水轮发电机组的安装与检修 [M]. 北京：中国水利水电出版社，2007.

[2] 陈秀芝．水轮发电机机械检修 [M]. 北京：中国电力出版社，2017.

[3] 刘云．水轮发电机故障处理与检修 [M]. 北京：中国水利水电出版社，2002.

[4] 中国电力企业联合会．DL/T 817—2014 立式水轮发电机检修技术规程 [S]. 北京：中国电力出版社，2014.

[5] 中国电力企业联合会标准化中心．GB/T 8564—2003 水轮发电机组安装技术规范 [S]. 北京：中国标准出版社，2004.